助力乡村振兴
出版计划

【现代养殖业实用技术系列】

鳜鱼

优质高效
养殖与加工技术

主　　编　崔　凯

副 主 编　何吉祥　黄　龙

编写人员　吴本丽　吴仓仓　何吉祥　汪　翔
　　　　　张　烨　陈　静　陈夏君　周蓓蓓
　　　　　黄　龙　崔　凯

U0396233

时代出版传媒股份有限公司
安徽科学技术出版社

图书在版编目（CIP）数据

鳜鱼优质高效养殖与加工技术 / 崔凯主编.--合肥：安徽科学技术出版社,2023.12

助力乡村振兴出版计划.现代养殖业实用技术系列

ISBN 978-7-5337-8620-5

Ⅰ.①鳜… Ⅱ.①崔… Ⅲ.①鳜鱼-淡水养殖 Ⅳ.①S965.127

中国国家版本馆 CIP 数据核字（2023）第 222329 号

鳜鱼优质高效养殖与加工技术 主编 崔 凯

出 版 人：王筱文 选题策划：丁凌云 蒋贤骏 陶善勇 责任编辑：张楚武

责任校对：张 枫 责任印制：梁东兵 装帧设计：冯 劲

出版发行：安徽科学技术出版社 http://www.ahstp.net

（合肥市政务文化新区翡翠路 1118 号出版传媒广场,邮编：230071）

电话：(0551)63533330

印 制：合肥华云印务有限责任公司 电话：(0551)63418899

（如发现印装质量问题,影响阅读,请与印刷厂商联系调换）

开本：720×1010 1/16 印张：10.5 字数：162 千

版次：2023 年 12 月第 1 版 印次：2023 年 12 月第 1 次印刷

ISBN 978-7-5337-8620-5 定价：43.00 元

出版说明

　　"助力乡村振兴出版计划"(以下简称"本计划")以习近平新时代中国特色社会主义思想为指导,是在全国脱贫攻坚目标任务完成并向全面推进乡村振兴转进的重要历史时刻,由中共安徽省委宣传部主持实施的一项重点出版项目。

　　本计划以服务乡村振兴事业为出版定位,围绕乡村产业振兴、人才振兴、文化振兴、生态振兴和组织振兴展开,由《现代种植业实用技术》《现代养殖业实用技术》《新型农民职业技能提升》《现代农业科技与管理》《现代乡村社会治理》五个子系列组成,主要内容涵盖特色养殖业和疾病防控技术、特色种植业及病虫害绿色防控技术、集体经济发展、休闲农业和乡村旅游融合发展、新型农业经营主体培育、农村环境生态化治理、农村基层党建等。选题组织力求满足乡村振兴实务需求,编写内容努力做到通俗易懂。

　　本计划的呈现形式是以图书为主的融媒体出版物。图书的主要读者对象是新型农民、县乡村基层干部、"三农"工作者。为扩大传播面、提高传播效率,与图书出版同步,配套制作了部分精品音视频,在每册图书封底放置二维码,供扫码使用,以适应广大农民朋友的移动阅读需求。

　　本计划的编写和出版,代表了当前农业科研成果转化和普及的新进展,凝聚了乡村社会治理研究者和实务者的集体智慧,在此谨向有关单位和个人致以衷心的感谢!

　　虽然我们始终秉持高水平策划、高质量编写的精品出版理念,但因水平所限仍会有诸多不足和错漏之处,敬请广大读者提出宝贵意见和建议,以便修订再版时改正。

本册编写说明

鳜鱼是驰名中外的名贵淡水鱼,又名石桂鱼(《开宝本草》)、鳜豚、水豚(《日华子本草》)、桂鱼(《本草求真》)、鳌花鱼、母猪壳(《中国动物图谱·鱼类》)、鲚鱼(《随息居饮食谱》)、桂花鱼、季花鱼等。在我国关于鱼的传统文化中,"鳜"与"贵"、"鱼"与"余"谐音,因此鳜鱼象征着"富贵有余",并且入诗入画,"西塞山前白鹭飞,桃花流水鳜鱼肥""明日主人酬一座,小船旋网鳜鱼肥"等传世名句脍炙人口。"席上有鳜鱼,熊掌也可舍",鳜鱼以其肉质细嫩、少刺、味鲜美、营养价值高,历来深受人们喜爱。徽州佳肴"臭鳜鱼"、姑苏美馔"松鼠鳜鱼"等经典名菜让人齿颊留香、历久难忘。

我国20世纪50年代开展鳜鱼池塘养殖试验并取得了初步成功。20世纪80年代,鳜鱼人工繁殖技术取得了重大突破,加上天然活饵料鱼的配套养殖,促使鳜鱼人工养殖迅速发展,安徽、湖北等地在改革开放初期大量鳜鱼出口国(境)外。21世纪初,鳜鱼养殖产业进入快速发展期,产业发展呈现出区域化、规模化、专业化、标准化、品牌化等特点。

本书为推动鳜鱼全产业高质量发展,根据目前鳜鱼养殖与加工现状,分别从鳜鱼养殖现状与发展、鳜鱼生物学基础、鳜鱼摄食生理及营养需求、鳜鱼人工繁殖、鳜鱼苗种培育、鳜鱼病害防控、鳜鱼捕捞、暂养与运输、鳜鱼加工与烹饪等方面给予介绍。本书的出版旨在为广大水产养殖从业者、基层农业技术人员、高校院所科研人员提供有益的借鉴。

编写过程中得到了渔业行政部门、科研机构、推广单位和水产养殖科技人员,以及国家特色淡水鱼产业技术体系(CARS-46)研发中心、岗位科学家、综合试验站的大力支持,同时也参考了业界相关专家的技术资料,在此一并表示衷心感谢。

目　录

第一章 鳜鱼的养殖现状与发展

鳜鱼是一种名贵淡水食用鱼,具有肉质细嫩、鲜美、营养丰富的特点,但由于其习性凶猛,以其他鱼虾为食,过去被列为池塘养鱼的敌害类加以控制。20世纪80年代以来,随着人民生活水平的提高,国内外市场对鳜鱼的需求量激增,而自然条件下的鳜鱼资源无法满足供应,水产科技人员相继解决了人工繁殖、鱼苗培育、成鱼饲养、饵料鱼配套生产供应等技术问题,使鳜鱼人工养殖迅速发展起来,形成新兴的名贵水产养殖业,鳜鱼也逐渐成为名特优水产品中养殖前景愈加广阔的品种之一。

▶ 第一节 鳜鱼的分类与分布

一 鳜鱼的分类

鳜(*Siniperca* sp.),俗称桂鱼、桂花鱼、鲈桂、花鲫鱼、淡水石斑鱼等,在分类学上的位置迄今还未有定论,目前主流观点将其归于鲈形目(Perciformes)、鮨科(Serranidae)、鳜亚科(Sinipercinae),其下分为鳜属(*Siniperca*)和少鳞鳜属(*Coreoperca*)两个属。已知的鳜鱼共有12种,其中在我国共发现了10种,分别是翘嘴鳜(*S.chuatsi*)(图1-1)、大眼鳜(*S.kneri*)、高体鳜(*S.robusta*)、长体鳜(*S.roulei*)、斑鳜(*S.scherzeri*)、麻鳜(*S.fortis*)、波纹鳜(*S.undulata*)、暗鳜(*S.obscura*)、刘氏少鳞鳜(*C.liui*)和白头氏少鳞鳜(*C.whiteheadi*)。较常见且经济价值高的包括翘嘴鳜、大眼鳜、斑鳜等。特别是翘嘴鳜,体型较大,明李时珍《本草纲目》卷四十四"鳜鱼"

条详细记述"生江湖中,扁形腹阔,大口,细鳞,有黑斑。彩斑色明者雄,稍晦者雌。厚皮,紧肉,内中无细刺,有肚能嚼。亦啖小鱼,夏月居石穴,冬月假泥,鳜凡刺十二"。翘嘴鳜生长速度快,肉质和口味俱佳,已经成为人工养殖效果最为理想的品种;而高体鳜、长体鳜、暗鳜等,由于个体小、生长慢,鲜有养殖。

图1-1　翘嘴鳜

二　鳜鱼的分布

鳜鱼是欧亚大陆东部特有的淡水鱼类,仅分布于中国、日本、朝鲜、韩国、俄罗斯、越南等六国,其分布界限北至俄罗斯的阿穆尔河,南至海南省北部的南渡江,西至四川盆地西侧的西昌邛海,东至日本本州岛福知州。我国是鳜鱼的主产国,南北各大水系流域及淡水湖泊、水库等广有分布。广东省位于珠江流域,由于气候适宜、饵料鱼供应充足等有利条件,拥有全国95%以上的苗种市场占有率,鳜鱼产量常年位居全国榜首。长江流域野生鳜鱼品种多、资源丰富,具有较强的种质资源优势,其中湖北、安徽、江西等鳜鱼产量居于全国前列。常见的翘嘴鳜主要分布于长江流域及以北地区,大眼鳜主要分布于珠江流域,并且通常是作为湖泊等大水面的增殖放流品种,其他品种的鳜鱼分布范围均比较狭窄,暂无规模化人工养殖。

▶ 第二节　鳜鱼的价值

一　营养价值

　　鳜鱼为肉食性鱼类,肥满度高,肉质细嫩、少刺、味鲜美,深受消费者喜爱。据相关研究报道,鳜鱼含肉率为67.62%,肌肉含水量为79.42%,肌肉蛋白质含量为17.56%,脂肪含量为1.50%,灰分为1.12%。肌肉17种氨基酸总量为16.94%,其中7种必需氨基酸总量为6.76%(不包括色氨酸),4种鲜味氨基酸总量为6.68%。鳜鱼肌肉氨基酸组成中必需氨基酸占总氨基酸的比值(EAA /TAA)、必需氨基酸与非必需氨基酸的比值(EAA/NEAA)均高于联合国粮食及农业组织(FAO)和世界卫生组织(WHO)所提出的理想蛋白质标准值。鳜鱼肌肉氨基酸评分(AAS)、化学评分(CS)、必需氨基酸指数(EAAI)均高于鲫鱼、草鱼、鲤鱼、罗非鱼、乌鳢、鳊鱼等淡水鱼。共有25种脂肪酸从鳜鱼肌肉中检出,单不饱和脂肪酸(MUFA)总量最高,达39.23 %,饱和脂肪酸(SFA)总量与多不饱和脂肪酸(PUFA)总量基本持平,二十碳五烯酸(EPA)与二十二碳六烯酸(DHA)的总量约7%,远高于青鱼、鲫鱼、草鱼等淡水鱼。每百克鳜鱼肌肉含钾300.3毫克、钙200.0毫克、钠36.4毫克、镁23.5毫克、锌4.5毫克、铁3.18毫克、铜0.38毫克、硒0.15毫克,高于鲫鱼、鲤鱼、鲢鱼等淡水鱼。

二　药用保健价值

　　明代医药学家李时珍所著《本草纲目》记载:"鳜鱼肉甘平无毒。主治肠内恶血,去腹内小虫,益气力,令人健肥,补虚劳,益脾胃,治肠风泻血。"鳜鱼除了具有较高的营养价值外,还有较好的药用、保健价值。鳜鱼丰富的营养元素所产生的滋补、健体和药用作用有别于其他水产品,经常食用,可以增强体质,提高人体免疫力。一般人都可以食用鳜鱼,尤

其是老年人、儿童、妇女、脾胃虚弱者更适合食用。但要注意,哮喘、咯血的患者不宜食用鳜鱼。

1. 健脾养胃

鳜鱼可归胃经,有益脾胃的功效,适合体质虚弱、脾胃气虚、饮食不香、营养不良的人食用。而且鳜鱼肉质细嫩,极易消化,对儿童、老人、体弱、脾胃消化功能不佳的人来说更为合适。

2. 补虚益气

鳜鱼味甘、性平、无毒,亦可归脾经,具有补气血、强身健体的功效,对于虚劳羸瘦、肠风便血、老年体弱无力等症有改善作用。将鳜鱼与黄芪、党参、淮山药、当归头共煮熟食用,可调补气血。

3. 缓解咳嗽和贫血,调理肺结核

将鳜鱼与百合、贝母、冰糖适量,隔水蒸熟共食。也可用鳜鱼煮汤,加入大枣和糯米熬粥食用。

4. 治骨刺哽喉

用鳜鱼胆汁加入米酒中化温呷下,可使卡入咽喉的骨刺、异物随涎而出。

三 加工与食用价值

鳜鱼加工是我国淡水鱼加工的特色产业,加工制品以腌鲜臭鳜鱼为主,也有少量速冻鳜鱼产品。目前已开发臭鳜鱼(图1-2)、风味发酵鳜鱼、酱香鳜鱼等产品。

以鳜鱼作为食材制作的美味佳肴比比皆是,也是我国各大菜系中不可或缺的招牌菜肴。其中,臭鳜鱼是徽菜名菜,松鼠鳜鱼为苏帮菜中色香味兼具的代表之作,松子鳜鱼是十大粤

图1-2　臭鳜鱼

菜代表之一,还有清蒸鳜鱼、家常熬鳜鱼、糟熘鳜鱼丸等。

四 鳜鱼文化

在我国长期的历史发展中,人们赋予鱼以丰厚的文化内涵,形成了一个独特的文化门类——鱼文化。"鳜"与"贵"谐音,象征着富贵有余,历代文人墨客不吝赞赏与推崇,留下了丰富的鳜鱼诗词、书画等作品,成为我国传统文化的瑰宝。

唐代诗人张志和所作《渔歌子·西塞山前白鹭飞》:"西塞山前白鹭飞,桃花流水鳜鱼肥。"宋代诗人杨万里所作《舟中买双鳜鱼》:"一双白锦跳银刀,玉质黑章大如掌。"元代诗人方回所作《送赵子昂提调写金经》:"桃花水肥钓鳜鱼,春雨春风一蓑笠。"明代诗人李东阳所作《鳜鱼图为掌教谢先生作》:"泮池雨过新水长,江南鳜鱼大如掌。"绘声绘色的诗句,让人眼前浮现出鲜活的鳜鱼。

宋代画家刘寀所画《落花游鱼图》,隐去的水,自在的鱼,虚实之间,有无之中,清简了画面,更凸现了主题。《元人鱼藻图轴》中鳜鱼除以笔墨表现外,还以粗布揿印上布纹,使鳜鱼身上的细密鳞纹表现得更加生动、逼真。明代画家刘节所画《鱼蟹图》,萍藻浮动,游鱼戏逐,兰生洲渚,蛤蟆螃蟹,各得其趣。清代画家边寿民所画《鳜鱼图》,鳜鱼一条,墨色浓淡自然,恰到好处地表现了鱼身的滑溜质感。

▶ 第三节　鳜鱼养殖的发展

一 鳜鱼养殖发展历程

我国鳜鱼养殖产业经历了三个发展阶段:

1. 第一阶段:1950—1980 年

野生鳜鱼资源丰富,不少地区捕捞天然鳜鱼苗进行养殖,并在小水

体养殖中取得成功。对野生和池塘养殖性成熟鳜鱼亲本开展人工催产试验取得成功,人工繁殖的鳜鱼苗可以养成商品鱼。开展鳜鱼的人工繁殖和鱼苗培育试验研究,可以繁殖出鱼苗,但无法培育成夏花。

2. 第二阶段:1981—2000年

开展鳜鱼亲本培育、人工催产、人工繁殖和池塘培育试验研究,并取得成功。开展鳜鱼苗种培育、成鱼养殖试验研究,显著提高了鱼苗成活率、成鱼养殖单产,进一步总结出鳜鱼养殖技术。天然饵料鱼的解决为池塘主养鳜鱼提供了保障,鳜鱼规模养殖得以快速发展。鳜鱼大水面养殖也取得较大发展。

3. 第三阶段:2001年—至今

鳜鱼养殖产业进入快速发展期,产业发展呈现出区域化、规模化、专业化、标准化、品牌化等特点。鳜鱼苗种繁育已形成以广东为主,安徽、湖北等为重要补充的苗种供应格局。养殖模式也更加多元化,从单一池塘养殖发展到池塘精养、池塘生态套养、中华绒螯蟹—鳜鱼生态套养、克氏原螯虾—鳜鱼生态轮养、罗氏沼虾—鳜鱼生态混套养、池塘工程化循环水鳜鱼养殖等多种养殖模式。鳜鱼养殖也发展到翘嘴鳜、斑鳜等多种类养殖同时发展的格局。加之秋浦杂交斑鳜等新品种的推出,极大地满足了养殖者的需求。鳜鱼养殖的单位面积产量与年产量也逐年提高,其中,广东养殖产量最高,湖北、安徽、江西、江苏、湖南、浙江等省紧随其后。2021年,我国鳜鱼养殖产量为37.40万吨,占全国淡水养殖鱼类总产量的1.42%。

二 鳜鱼养殖品种的发展

一直以来,鳜鱼品种的推广养殖主要考虑生长速度、生长周期、饲料报酬等因素,翘嘴鳜具有明显的生长优势,因此作为鳜鱼养殖的主导品种被加以推广。但经过长时间的推广养殖,翘嘴鳜种质退化严重、病害频发,致使翘嘴鳜养殖效益下降,而斑鳜具有抗病力强、起捕率高、商品鱼价格高等优势,成为重要的鳜鱼养殖品种。市场对鳜鱼良种极度渴求,水产科研工作者与鳜鱼养殖企业不断摸索创新,通过系统选育、杂交等技术手段,培育出"秋浦杂交斑鳜"等国审品种,为鳜鱼生产提供了大量优质苗种,促进了鳜鱼养殖业的发展。

1. 翘嘴鳜"华康 1 号"

(1)品种登记号:GS-01-001-2014;

(2)亲本来源:野生翘嘴鳜;

(3)育种单位:华中农业大学、通威股份有限公司、广东清远宇顺农牧渔业科技服务有限公司;

(4)品种简介:该品种是以2005年从江西鄱阳湖、湖南洞庭湖和长江湖北段采捕挑选的1800尾野生翘嘴鳜为基础群体,以生长速度为选育指标,采用群体选育技术,经连续5代选育而成。在相同养殖条件下,与未经选育的翘嘴鳜相比,1龄鱼平均体重提高18.5%。适宜在我国各地人工可控的淡水水体中养殖。

2. 秋浦杂交斑鳜

(1)品种登记号:GS-02-005-2014;

(2)亲本来源:斑鳜♀×鳜♂;

(3)育种单位:池州市秋浦特种水产开发有限公司、上海海洋大学;

(4)品种简介:该品种是以长江支流秋浦河采捕后经3代群体选育的斑鳜为母本和经5代群体选育的鳜为父本,杂交获得的 F_1,即为秋浦杂交斑鳜。可摄食冰鲜饲料;在相同养殖条件下,6 月龄平均体重比斑鳜提高160.0%以上,饲料系数较斑鳜低,营养成分组成比例与斑鳜相近,适宜在全国各地人工可控的淡水水体中养殖(图1-3)。

图1-3　秋浦杂交斑鳜鱼苗

3. 长珠杂交鳜

(1)品种登记号:GS-02-003-2016;

(2)亲本来源:翘嘴鳜♀×斑鳜♂;

(3)育种单位:中山大学、广东海大集团股份有限公司、佛山市南海百容水产良种有限公司;

(4)品种简介:该品种是以从洞庭湖采捕并经4代群体选育的翘嘴鳜雌体为母本,以从珠江采捕并经2代群体选育的斑鳜雄体为父本,杂交获得的F₁代,即长珠杂交鳜。在相同养殖条件下,7月龄鱼成活率比母本翘嘴鳜平均提高20%,平均体重是父本斑鳜的3.2倍。适宜在我国珠江及长江流域人工可控的淡水水体中养殖。

4. 翘嘴鳜"广清1号"

(1)品种登记号:GS-01-003-2021;

(2)亲本来源:翘嘴鳜安徽秋浦河、洞庭湖野生群体以及翘嘴鳜"华康1号"选育群体;

(3)育种单位:中国水产科学研究院珠江水产研究所、清远市清新区宇顺农牧渔业科技服务有限公司;

(4)品种简介:该品种是以2013年从安徽秋浦河、洞庭湖收集的翘嘴鳜野生群体和清远市清新区宇顺农牧渔业科技服务有限公司保种的翘嘴鳜"华康1号"选育群体中挑选的600尾个体为基础群体,以生长速度和成活率为目标性状,采用家系选育技术,经连续4代选育而成。在相同养殖条件下,与翘嘴鳜"华康1号"相比,生长速度平均提高16.3%,成活率平均提高12.6%。适宜在广东、湖北、江苏和安徽等人工可控的淡水水体中养殖(图1-4)。

图1-4 翘嘴鳜"广清1号"

5. 全雌翘嘴鳜"鼎鳜1号"

（1）品种登记号：GS-04-001-2021；

（2）亲本来源：湖南省水产原种场保种的翘嘴鳜洞庭湖野生群体；

（3）育种单位：广东梁氏水产种业有限公司、中山大学；

（4）品种简介：该品种是以2009—2010年从湖南省水产原种场引进后，经以生长速度为目标性状的4代群体选育获得的翘嘴鳜选育系雌鱼（XX）为母本，以性别控制技术诱导翘嘴鳜全雌子代[通过性别控制技术诱导翘嘴鳜选育系产生的生理雄鱼（XX′）与同期培育雌鱼交配获得]获得的生理雄鱼（XX′）为父本，经交配繁殖获得的F_1，即全雌翘嘴鳜"鼎鳜1号"。在相同养殖条件下，与未经选育的翘嘴鳜相比，7月龄鱼生长速度平均提高18.7%；雌性率较高，平均雌性率为97.0%以上。适宜在广东、江西、湖北和江苏等人工可控的淡水水体中养殖。

6. 翘嘴鳜"武农1号"（2022年）

（1）品种登记号：GS-04-001-2022；

（2）亲本来源：翘嘴鳜长江湖北嘉鱼江段野生群体；

（3）育种单位：武汉市农业科学院、中国科学院水生生物研究所；

（4）品种简介：该品种是以2010年从长江湖北嘉鱼江段采捕并以体重为目标性状、经连续4代群体选育和1代异源雌核发育获得的翘嘴鳜子代雌鱼（XX）为母本，以性别控制技术诱导雌核发育翘嘴鳜子代获得的生理雄鱼（XX′）为父本，经交配繁殖获得的F_1，即为翘嘴鳜"武农1号"。在相同养殖条件下，与未经选育的翘嘴鳜相比，7月龄鱼体重提高22.0%，雌性率为99.7%。适宜在我国水温22～30℃的人工可控的淡水水体中养殖（图1-5）。

图1-5　翘嘴鳜"武农1号"

三 我国鳜鱼养殖产业存在的主要问题

1. 鳜鱼种苗质量

我国南方气候温暖、鳜鱼繁殖期长,鳜鱼苗种规模化繁育具有得天独厚的优势,全国90%以上鳜鱼苗种来自广东地区,湖北、安徽、湖南等地苗种繁殖量有限,尚不能满足当地养殖需求(图1-6)。广东地区本无鳜鱼自然分布,早期亲鱼主要是来自长江水系及湖泊的野生群体。长期以来,亲本更新率低,存在近亲繁殖、种质退化现象。大型鳜鱼苗种企业数量少,生产的苗种质量有所保障。而多数家庭式苗种场鳜鱼人工繁殖与苗种生产技术操作往往不规范,导致苗种质量参差不齐、质量无法得到保障。近年来,苗种病毒检出率高,给鳜鱼养殖带来了严重危害。

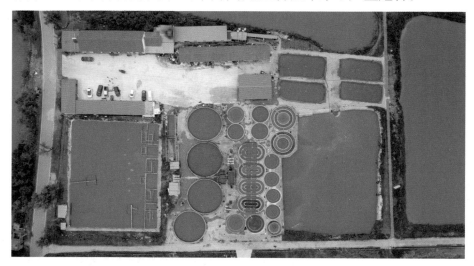

图1-6　安徽某鳜鱼苗种繁殖场

2. 鳜鱼养殖技术

鳜鱼具有从开口即需摄食活饵的习性,养殖鳜鱼还需配套养殖饵料鱼,饵料鱼养殖面积一般是鳜鱼养殖面积的两倍之多,极大地增加了养殖企业土地、水、电等资源的投入。一旦饵料鱼出现异常,会对鳜鱼养殖造成极其不利的影响,因此饵料鱼的养殖也是制约鳜鱼在北方地区推广养殖的重要原因。饵料鱼的安全生产也会直接影响鳜鱼产品质量安全问题。近年来,科研工作者聚焦饲料养殖鳜鱼试验研究,以期提高养殖水面利用率,提高鳜鱼养殖产量,减少饵料鱼养殖鳜鱼带来的病害感染和水质污染等问题。

3. 鳜鱼病害防治

当天气变化异常,低温、高温、持续阴雨、强对流等天气发生时,生产管理措施不到位,易造成养殖环境出现异常,病害频发。病害监测与预警系统不够完善,病原快速诊断技术不够准确,用药指导不够科学规范,特别是靶向性药物、针对性疫苗研究开发还远远不够。渔药等投入品的过度使用也会影响鳜鱼养殖及产品质量安全。

4. 鳜鱼食品加工

鳜鱼食用仍以鲜食为主,加工比例低。加工仍以腌制、糟制及天然发酵等传统工艺为主,以粗加工为主,科技含量较低。水产品加工技术设备较落后,国产设备质量不够稳定,自主开发能力仍欠缺。水产品标准与法规体系尚不健全,国际采标率较低。鳜鱼产品加工废弃物综合利用率较低,精深加工严重不足。

（四）我国鳜鱼养殖产业的发展趋势

1. 健全鳜鱼良种繁育体系,提升鳜鱼苗种质量

形成以育种企业为主体,产学研相结合、育繁推一体化的鳜鱼种业发展机制,基本建成与现代水产养殖业相适应的良种繁育体系。水产主管部门、科研单位、鳜鱼生产企业需要共同制定鳜鱼良种繁育与苗种生产相关标准规范,严格执行鳜鱼苗种繁育生产规范与质量监测,逐步提高鳜鱼苗种质量。

2. 推进鳜鱼生态健康养殖,提升鳜鱼养殖水平

进一步贯彻落实我国水产养殖业转方式、调结构的要求,积极探索鳜鱼生态健康养殖新模式。因地制宜地发展鳜鱼池塘养殖,与其他水产

品种(虾、蟹、鳖等)套养,池塘工程化循环水养殖,稻渔综合种养等养殖模式。开展饲料鳜鱼养殖应用研究,推进易驯品种选育、饲料研究开发及人工饲料配套养殖等技术集成示范推广。

3. 加强鳜鱼病害综合防控,提升产品质量安全

水产主管部门联合科研单位、鳜鱼生产企业,健全鳜鱼养殖区环境监测与预警信息化系统,加强鳜鱼养殖区主要病害监测范围和强度,加快疫苗等产品研究开发,完善鳜鱼病害综合防控技术。规范用药行为,促进合理用药,开展鳜鱼苗种培育、成鱼养殖、饵料鱼养殖、流通、产品加工等环节质量安全重点整治,保障产品质量安全。

4. 加快发展鳜鱼精深加工,提升鳜鱼产品价值

鳜鱼精深加工符合我国水产加工业的未来发展趋势,能够实现对水产资源的充分利用,提高水产品的附加值。多元化开发鳜鱼食用产品,例如各种风味鳜鱼、分割冷链鳜鱼、预制菜等。利用鳜鱼加工产生的有益产品开发药物和保健食品,例如降压肽、精蛋白、胶原蛋白等产品,提高水产品加工的技术含量,提升鳜鱼综合价值。

第二章 鳜鱼养殖的生物学基础

鳜鱼属于陆封型淡水鱼类,是典型的肉食性鱼类,却又胆小怕惊,一般生活在水体底层,自然条件下只摄食活的鱼虾。深入了解鳜鱼的形态结构及生物学特性是鳜鱼规模化养殖成功的前提和关键。人工养殖时,需要根据鳜鱼的生长习性、摄食习性和繁殖习性等构建合理的养殖系统,确定科学的养殖策略。

第一节 鳜鱼的形态与结构

一 鳜鱼的形态特征

鳜鱼一般体高侧扁,头后背部隆起;口裂大,下颌稍突出。前鳃盖骨后缘呈锯齿状,后鳃盖骨后缘有两根棘;鳞细小;体色黄绿或黄褐色,腹部黄白,体侧具不规则的褐色斑点及斑块。不同种属的鳜鱼形态上有所差别。

1. 鳜属

体延长,侧扁。下颌一般长于上颌。上颌前端有稀疏犬齿,齿骨后部有犬齿1行,前后鼻孔靠近,居眼前方;前鼻孔具瓣膜,后鼻孔小。侧线完全,侧线鳞56～142个。鳃耙中长或退化。幽门盲囊4～360个,指状。脊椎骨26～28个。鳔一室,前部膨大,两角突出,向后渐小,后端尖或钝圆。

（1）翘嘴鳜

体高侧扁，背部隆起较高，背缘呈弧形。腹部圆，下凸明显。眼位于头的前部，侧上位。眼较大，眼间头背狭窄。眼径等于或长于眼间距。吻部宽短，长度稍大于眼径。2对鼻孔，前后分离，但相距较近。后鼻孔呈平眼状，前鼻孔呈喇叭状。口大，近上位、斜裂。下颌突出于上颌。自吻端穿过眼睛至背鳍前部有一条斜行的褐色条纹，背鳍棘中部（第6～7根）的两侧有一较宽的与体轴垂直的褐色斑条。体侧有许多不规则的褐色斑块和斑点，奇数鳍条上有数列不连续的褐斑点。体鳞较小，侧线在体中部稍向上弯，侧线鳞121～128个。背鳍甚长，起点位于胸鳍上方，末端接近尾基部。臀鳍由硬棘和软鳍条组成，软鳍条外缘呈圆形。尾鳍圆形。背鳍Ⅻ，13～15个；胸鳍Ⅰ，14～16个；腹鳍Ⅰ，5个；臀鳍Ⅲ，9～11个；脊椎骨26～28个，幽门盲囊117～323个，鳃耙6～7个。

（2）大眼鳜

体长侧扁，眼较大，头长为眼径的4.7～5.1倍。口大，端位，略倾斜。下颌突出于上颌之前，口闭合时下颌前端的齿不外露。两颌、犁骨和腭骨具细齿，呈绒毛状齿带。上颌前端两侧犬齿发达、丛生，两侧细齿排列成行；下颌前端两侧犬齿较细弱，两侧中后部犬齿发达。犁骨齿团近圆形，齿较发达。腭骨齿带呈长条形，齿较细弱，排列略呈"八"字形。鳃盖发达。背鳍基部有4个黑褐色鞍状斑纹。体侧满布有不规则的棕褐色斑点和条纹。背鳍、尾鳍上有数列棕褐色斑点。胸鳍、腹鳍、臀鳍、尾鳍皆为圆形。背鳍Ⅻ，14～15个；胸鳍Ⅰ，14～15个；腹鳍Ⅰ，5个；臀鳍Ⅲ，9～12个；脊椎骨26～28个，鳃耙5～7个，幽门盲囊较少，一般在62～100个。

大眼鳜和翘嘴鳜的外形较为相似，在实际生产中容易混淆。大眼鳜和翘嘴鳜的主要区别是：

①翘嘴鳜眼睛较小，大眼鳜眼睛较大；

②翘嘴鳜自吻端穿过眼部至背鳍基前下方有一斜形褐色条纹，而大眼鳜的斜形褐色条纹不达吻端；

③翘嘴鳜背鳍棘中部（第6～7根）的两侧有一较宽的与体轴垂直的

褐色斑条,而大眼鳜体侧无斑条,仅布满不规则的褐色斑点和斑块;

④翘嘴鳜的幽门盲囊较多,一般在117~323个;大眼鳜的幽门盲囊较少,一般在68~100个。

（3）长体鳜

体形延长,头部低平,背缘不隆起,前部略呈圆筒形,后部稍侧扁。体长为体高的4.5倍以上。前后鼻孔紧接,前鼻孔具瓣膜,后鼻孔小。下颌发达,突出。上颌前端及下颌两侧犬齿发达,犁骨牙带呈椭圆形。体被小圆鳞,头部及腹鳍之前的腹部裸露。侧线完全。背鳍分棘部和鳍条部,基部相连,起点位于胸鳍基梢后,第二背鳍末端不达尾鳍基部。胸鳍圆形,长度短于腹鳍。腹鳍胸位。臀鳍起点几乎与背鳍鳍条基部起点相对,第2棘粗壮。肛门位于臀鳍前方。尾鳍圆形。背鳍ⅩⅢ~ⅩⅣ,10~11个;胸鳍Ⅰ,13个;腹鳍Ⅰ,5个;臀鳍Ⅲ,7~8个;幽门盲囊6~7个;脊椎骨27~28个,鳃耙退化为结节状突起。

（4）斑鳜

体长侧扁,背部圆弧形,不甚隆起。口大,端位,稍向上倾斜。下颌略突出,犬齿发达,上颌仅前端有犬齿,排列不规则。下颌齿常是两个并生,排成一行。前鳃盖骨、间鳃盖骨和下鳃盖骨的后下缘有绒毛状细锯齿。鱼体、鳃盖均被细鳞。头部具暗黑色的小圆斑,体侧有较多的环形斑。各鳍棘上有黑色斑点,胸鳍、腹鳍为淡褐色。侧线完全,侧线鳞109~116个。背鳍ⅩⅡ~ⅩⅢ,12个;胸鳍Ⅰ,13~14个;腹鳍Ⅰ,5个;臀鳍Ⅲ,9~10个;脊椎骨26~28个,幽门盲囊65~124个,鳃耙4~5个。

2. 少鳞鳜属

体侧扁,背缘呈弧形。上下颌骨、犁骨和颚骨密布细齿,无犬齿。犁骨齿带呈新月形或近三角形。前翼骨上也有细齿丛。前后鼻孔间隔宽,距眼远。前鼻孔有瓣,明显或为痕迹状,后鼻孔小或不明显。体被圆鳞,较大;颊部、鳃盖和腹鳍之间的腹面具鳞。侧线完全。鳃耙7个,长而发达。幽门盲囊3个,扁平,短指状。脊椎骨28~34个。

（1）刘氏少鳞鳜

体延长，呈长圆形，头长与体高几乎相等，吻短，钝尖。侧线鳞58～62个，背鳍前鳞12个，围尾柄鳞18～21个。胸鳍圆形，起点位于鳃盖骨后缘下方。背鳍起点位于胸鳍起点之后，分为两部分，第一背鳍全为鳍棘，第二背鳍末端至尾鳍基部。臀鳍起点与背鳍第11～12根鳍棘基部相对，鳍棘粗壮。腹鳍胸位，鳍棘长约为鳍条长的1/2，肛门位于腹鳍末端至臀鳍起点的1/2处。尾鳍圆形。各鳍硬棘和鳍条数目：背鳍ⅩⅢ～ⅩⅣ，13～14个；胸鳍Ⅰ，13个；腹鳍Ⅰ，5个；臀鳍Ⅲ，10～11个；鳃耙7个，脊椎骨28～30个。

（2）白头氏少鳞鳜

形态特征与刘氏少鳞鳜基本相似，眼后有3条放射状纹，鳃盖后缘有一眼状蓝斑，其外缘有浅橘红色环，体侧具横带数条。各鳍硬棘和鳍条数目：背鳍ⅩⅢ～ⅩⅣ，13～14个；胸鳍Ⅰ，13个；腹鳍Ⅰ，5个；臀鳍Ⅲ，10～11个；鳃耙7个，脊椎骨33～34个，侧线鳞58～67个。

▶ 第二节　鳜鱼的生物学特性

一　鳜鱼的生态习性

鳜鱼属于陆封型淡水鱼类，喜欢生活在静水或水流较缓的环境中，以水草丰茂的湖泊中数量居多，因此也适宜于在池塘中养殖。鳜鱼胆小，怕光怕惊，一般生活在水体底层，常藏于湖底石块、树根底下及水草丛中，摄食的时候会游到水体上层。鳜鱼对温度的适应性较强，适宜水温15～32℃，最适水温18～25℃。春季天气回暖时，鳜鱼白天有侧卧在水底凹穴的习性，到了夜晚才会游到沿岸浅水处觅食。在夏季和秋季，鳜鱼则不会卧穴，活动频繁，摄食旺盛。鳜鱼在冬季水温7℃以下时很少活动，栖息于深水处越冬，但是不会完全停止摄食。生殖季节，亲鱼群集到产卵场进行产卵活动。

鳜鱼喜欢清澈干净的水质环境,对水体溶氧含量要求较高,一般溶氧在3毫克/升以上才能维持正常的生命活动。当水中溶氧量低于2.3毫克/升时会出现滞食现象,1.5毫克/升以下会出现浮头,1.2毫克/升以下严重浮头,并伴有吐食现象。鳜鱼对水体透明度的要求也较高,一般不低于40厘米,相比之下四大家鱼只需不低于20厘米即可。因为鳜鱼食性特殊,主要依靠视觉来完成捕食,水体浑浊会导致鳜鱼猎食困难而影响生长。

鳜鱼对水体的酸碱度也有一定要求,对酸性水质的耐受程度较低,当水体的pH低于5.6时,鳜鱼苗会出现死亡现象。

二 食性与生长

1. 鳜鱼的摄食习性

鳜鱼是鲈形目中的一种肉食性凶猛鱼类,其摄食习性非常奇特。自开口起终生以活的鱼虾为食,基本不吃人工饲料或者死鱼死虾,这种现象在鱼类中十分罕见,因此,鳜鱼也是研究鱼类摄食机制及相关器官结构功能关系的良好材料。鳜鱼的摄食在不同季节有所差异,1—2月份摄食较差,6—7月份摄食最为旺盛,在生殖期摄食强度有所下降。

鳜鱼开口即开始主动捕食活鱼活虾,在夏花阶段,当饵料鱼不足时甚至会出现严重的同类残食现象。鳜鱼在不同阶段的饵料鱼规格也不一致。鳜鱼苗期一般捕食饵料鱼鱼苗,如团头鲂、鲢鱼和其他野杂鱼等。此时鳜鱼苗能吞食相当于自身长度70%～80%的鱼苗,体长7毫米的鳜鱼即可捕食体长5毫米的饵料鱼鱼苗。鳜鱼体长10～16厘米时喜好吃虾,食物中虾的出现率超过80%,远远超过其他饵料鱼类。鳜鱼体长在20厘米以下时以小型鱼虾为食,体长达25厘米以上则开始捕食大型鱼类。成年鳜鱼最大可吞食占自身长度60%的饵料鱼,以26%～36%范围内的适口性较好。鳜鱼的口裂大,胃明显且容量大。事实上,鳜鱼能够吞食食物的规格并不取决于饵料鱼的体长,而是体高,只要饵料鱼的体高

小于鳜鱼口裂的高度,一般都可吞入,即使食物的长度过长,无法一次吞入,鳜鱼也能将已经进入胃中的部分卷曲起来,然后纳入剩余部分。

2. 鳜鱼的生长习性

鳜鱼的年龄主要是根据其鳃盖骨上的年轮鉴定,其次是根据鳞片上的年轮来鉴定。新的年轮一般是在3月至4月份出现。

在天然水域,由于饵料鱼不易获得,鳜鱼的生长速度较慢。1龄翘嘴鳜平均体长为17.5厘米,平均体重120克;2龄鱼平均体长23.5厘米,平均体重300克;3龄鱼平均体长32.8厘米,平均体重820克;4龄鱼平均体长42.5厘米,平均体重1530克;4龄以后鳜鱼的生长速度开始减缓。一般情况下,1龄的雄性鳜鱼和雌性鳜鱼的生长速度相差不大,但从第2龄开始,雌性鳜鱼生长速度要明显快于雄性鳜鱼。

在人工养殖条件下,由于水质良好、饵料充足,鳜鱼的生长速度远远高于天然水域。刚孵化出的翘嘴鳜鱼苗体长4毫米左右,经过20天人工培育体长可达3厘米,体重可达0.5克,再培育40天体长可达12厘米,体重可达50克,再经过100天的饲养,体重可达500克,符合上市规格。整个养殖周期约半年时间,养成规格相当于天然湖泊2.5龄鳜鱼的体重。

人工养殖条件下,由于人为选择的因素较多,鳜鱼生长的速度也会受到影响。总的来说,影响鳜鱼生长速度的因素包括鳜鱼品种的选择、饵料鱼品种和规格、投喂量和投喂频率以及养殖环境等。

鳜鱼品种方面,在同样的养殖条件下,翘嘴鳜和大眼鳜鱼苗阶段的生长速度差异不大,而在鱼种和成鱼养殖期间翘嘴鳜的生长速度快于大眼鳜4倍,这与二者幽门盲囊的数量有关。翘嘴鳜幽门盲囊数量远远多于大眼鳜,对食物的消化吸收速度更快,因此生长也更迅猛。

鳜鱼饵料鱼品种方面,一般选择长条形或纺锤形的鱼类,如鲮鱼、鲢鱼、鲤鱼、鲫鱼等。在苗种期,可以利用活力较弱的团头鲂作为鳜鱼开口饵料以及小规格鱼苗的饵料鱼;在高温季节,鳜鱼摄食旺盛,选择生长快、耐密养、抗病力强、梭形的鲮鱼作为饵料鱼较为理想;在冬春季节宜选用草鱼、鲢鱼、鲫鱼等耐低温品种作为饵料鱼。在鳜鱼不同的生长阶段需要选择合适的饵料鱼规格才能达到最佳的生长速度和最经济的饵料系数。判断饵料鱼的规格是否合适可以以鳜鱼饱食后胃中饵料鱼的数量为标准,胃中只有1条饵料鱼即饱食说明规格过大,胃中有2条饵料鱼即饱食说明规格比较合适,2条以上才饱食说明饵料鱼规格偏小。一般3~5厘米的鳜鱼苗摄食1.2~2厘米的饵料鱼,饵料系数为10左右。7—10月份培养3~25克的鲮鱼作为饵料鱼,平均饵料系数可在3左右。

投喂方面,鱼苗阶段,鳜鱼养殖池直接投放部分团头鲂水花,放养数量10万尾/亩左右,培养7~10天后,团头鲂达到1.2厘米左右,可以作为3厘米以上鳜鱼苗的适口饵料鱼。如果有1.5厘米规格的饵料鱼,每次投放量在鳜鱼数量的30~40倍为宜。在成鳜养殖阶段,每次投放的饵料鱼数量以存塘鳜鱼体重的2~3倍计算,每3~5天投放一次。

水质和药物对鳜鱼生长的影响主要体现在两方面:一方面是生存和健康;另一方面是生长速度和饵料转化率。鳜鱼对有机磷比较敏感,药物滥用不仅会破坏水质,更会引起鳜鱼发病。

三 繁殖与发育

1. 鳜鱼的繁殖生物学

成熟的鳜鱼在天然水域如江河、湖泊、水库等都可自然繁殖,一般在下雨天或水流较缓的环境中产卵,雄鳜追逐雌鳜,雌鳜将卵产于水中,雄鳜排出精子,精子和卵子在水中结合为受精卵,为浮性卵。

鳜鱼的性成熟年龄和规格随着所在水域的不同纬度而异。长江水系的雌性翘嘴鳜亲鱼一般经过2~3冬龄成熟,最小个体体长在195毫米以上,体重为200克左右;雄性鳜鱼经过1冬龄即可成熟,最小个体体重为150克左右,但在实际生产中要求亲鱼个体较大,一般为750~1500克,以保证繁殖数量和优良性状的遗传。鳜鱼的怀卵量与年龄和个体大小有直接关系,一般在2.8万~21万粒。

自然条件下,鳜鱼的繁殖季节是4—8月,其中6—7月是鳜鱼产卵旺盛的时期。鳜鱼在水温达到21℃以上时才会产卵,最适温度为24~

26℃。在河流中,鳜鱼喜欢在下雨天或有一定流水的环境中追逐产卵,而在水库中,鳜鱼一般选择在没有月光的夜晚,集群游向迎风的石崖或砂石底质的岸边水中产卵。亲鱼在产卵前3~5天会减少摄食,而在产卵后亲鱼会分散到河汊、沿岸的杂草丛中或石洞中觅食。鳜鱼在生殖季节雌雄比例为1:1.2左右,雌鳜产卵时间较长,可延续3~6小时,一般分2~3次才能产完。

鳜鱼卵呈黄色,具油球,卵径小,产出时约1.5毫米,吸水膨胀后约2毫米,卵膜厚,半透明,在流水中呈半漂浮状态,静水时往往沉底。鳜鱼卵孵化出苗的时间与水温密切相关,水温21~24℃时,孵化期约72小时;水温24~27℃时,约需53小时孵化;水温在27~30℃时,只需29小时左右。

刚孵化出的鳜鱼幼苗全长只有3.8~4.5毫米,体前腹下有一个1.5毫米的卵黄囊。此时鱼苗只能做垂直上下间歇运动,停歇时会卧在水底。鳜鱼苗孵出后48~60小时才可进行水平运动,并开始摄食,此时鳜鱼苗全长大概5毫米。

2. 鳜鱼的发育

(1)卵细胞和卵巢的发育

①卵细胞的发育

从卵原细胞开始发育成为成熟卵子的过程,需要经过3个时期:卵原细胞分裂期、卵母细胞生长期和卵子成熟期。

◇卵原细胞分裂期

卵原细胞通过有丝分裂,细胞数目不断增加。经过若干次分裂后,细胞数量显著增多,随后细胞停止分裂,开始从细胞体积增大向初级卵母细胞过渡。此阶段的卵细胞,称第Ⅰ时相的卵原细胞,这时的卵巢为第Ⅰ期卵巢,第Ⅰ期卵巢仅在鱼种阶段的个体中出现。

◇卵母细胞生长期

卵母细胞生长期又可分为小生长和大生长两个时期。

小生长期:指卵母细胞的生长期,由于原生质的不断增加,初级卵母细胞的体积增大,所以也称"原生质生长期"。小生长期的后期,卵膜外面形成单层扁平的滤泡上皮细胞。单层滤泡上皮细胞形成后,表明小生长期结束。这时的卵母细胞,称为卵母细胞成熟第Ⅱ时相,以第Ⅱ时相初级卵母细胞为主体的卵巢,称为第Ⅱ期卵巢。

大生长期:指初级卵母细胞营养物质生长的阶段。其开始的主要标志是出现微细的卵黄颗粒,由于进入细胞的营养物质不能被完全同化成为卵内的原生质,逐渐出现微细的卵黄颗粒。大生长期的前期主要是卵黄的积累,卵母细胞体积增大,细胞内出现液泡,卵膜变厚,出现放射形纹,故称为放射膜。滤泡上皮细胞已经分裂成两层。卵黄开始沉积阶段的卵母细胞称为成熟的第Ⅲ时相,以第Ⅲ时相初级卵母细胞为主体的卵巢是第Ⅲ期卵巢。

大生长期的后期是卵黄的充满阶段。卵黄不断积累,卵核由居中向动物极偏移,是Ⅳ时相初级卵母细胞的主要特征。生产上通常根据卵核位置将Ⅳ时相分为早期(卵核居中)、中期(卵核偏向动物极)和末期(卵核移至动物极)。到大生长期结束(Ⅳ时相末期)时,卵黄几乎充满整个卵母细胞,卵核移至动物极,核膜呈波浪状,体积亦达到最终大小,营养生长即告结束。这时的卵母细胞已达到了成熟的第Ⅳ时相,以第Ⅳ时相初级卵母细胞为主体的卵巢为第Ⅳ期卵巢。

◇ 卵子成熟期

初级卵母细胞结束大生长期后,体积不再增大,开始进入核的成熟变化,即核极化,核膜溶解,称生长成熟;然后进入两次成熟分裂。初级卵母细胞进行第一次成熟分裂放出第一极体,这时的卵母细胞即由原来的初级卵母细胞变为次级卵母细胞,紧接着又开始第二次成熟分裂,并停留在分裂中期,称生理成熟。通常把这个过程称为卵子成熟。

卵子在成熟变化中,随着滤泡膜破裂,从固着状态的初级卵母细胞向流动状态的次级卵母细胞过渡,即次级卵母细胞从滤泡中解脱出来,成为游离流动的成熟卵子,也就是通常所说的排卵。在适宜的生理生态条件下,卵巢腔内的游离卵子进一步经生殖孔产出体外的过程即为产

卵。此种成熟游动的卵子,称为第Ⅴ时相的次级卵母细胞,以第Ⅴ时相卵子为主的卵巢属第Ⅴ期。

②卵巢发育

鳜鱼的卵巢发育和四大家鱼相似,分为六期。

◇ 第Ⅰ期卵巢

性腺位于鳔的侧方,紧贴在体腔膜上,由体腔上壁的两个突起演化而成。细胞处于卵原细胞繁殖期向初级卵母细胞的小生长期过渡,细胞较小,核略为细胞的一半。

◇ 第Ⅱ期卵巢

主要卵母细胞处于小生长期的初级卵母细胞。卵内无黄,呈肉色,核较大,呈花瓣状,肉眼看不出卵粒。

◇ 第Ⅲ期卵巢

卵黄开始积累阶段。主要卵母细胞处于大生长期的初级卵母细胞,卵巢中新生的卵母细胞处于原生质生长期或营养物质生长早期,出现卵黄,卵膜有黑色素,肉眼能分辨卵粒。时间为冬季。

◇ 第Ⅳ期卵巢

卵黄充满阶段。卵黄充满核外空间,移向动物极一端。卵巢体积增大呈长囊状,占体重的15% ~ 20%。卵黄膜出现粗血管。卵粒充满卵黄,大而饱满,能分离,一般呈淡灰黄色或棕黄色,时间在2—4月。

◇ 第Ⅴ期卵巢

从滤泡中排出成熟卵,透明晶亮,卵子分离,血管膨胀,大量进入卵巢,处于流动状态。卵巢松软,轻压腹部有卵粒流出。一般在5—7月。

◇ 第Ⅵ期卵巢

产卵过后,或退化吸收,卵子过分成熟,呈白斑状,充血,显示淤血状,卵巢呈紫咖啡色。一般在8—10月。

(2)精子和精巢的发育

①精子的发育

精子的发育可分为4个时期。

◇繁殖期

由原始生殖细胞（初级精原细胞）经过无数次的有丝分裂,形成大量的小型的精原细胞（次级精原细胞）。精原细胞的特点是核大而圆,核内染色质均匀分布。精原细胞经过很多次的有丝分裂,其细胞数明显增多,并逐渐形成由滤泡包围的一个个精原细胞群,被称为生精囊或精胞。以后精细胞在此发育、成熟。同一生精囊内的精细胞处于相同的发育阶段。

◇生长期

细胞停止分裂,转入生长阶段,小型精原细胞的体积略增大,形成初级精母细胞。初级精母细胞的形状和精原细胞相近,但核内染色质变成粗线状或细丝状,为成熟期的减数分裂做准备。

◇成熟期

初级精母细胞体积增大后,连续进行两次成熟分裂。第一次为减数分裂,每个初级精母细胞（双倍体）分裂成为两个次级精母细胞（单倍体）;接着进行第二次成熟分裂（均等分裂）——普通的有丝分裂,每个次级精母细胞各形成两个精子细胞。

◇变态期

这是雄性生殖细胞发育中特有的时期。精子细胞再经过一系列复杂的变态过程,形成具有活力的精子。

成熟精子生成后,精胞溃解,精子进入壶腹腔里,与精巢内间质细胞所分泌的液体混合而成为精液。

②精巢的发育

根据组织学观察,可将鳜鱼的精巢发育分为五个时期。

◇ 第Ⅰ期精巢

精原细胞增殖期,该期精巢只见于发育中的幼鱼,精巢外观肉红色,较细,位于鳔腹侧,肉眼不能区分性别。这一时期精巢全由精原细胞构成。初级精原细胞体积大,胞质无色,核大,核膜清晰;次级精原细胞体积略小,开始聚集成团,中央大核仁不明显,核质较密。

◇ 第Ⅱ期精巢

精母细胞生长期，此时精巢内精原细胞不断分裂形成初级精母细胞。初级精母细胞精小囊明显，小叶腔出现，其间可见到有血管分布。这一时期以后性腺都可在外形上分辨出雌雄。

◇ 第Ⅲ期精巢

精母细胞成熟期，此时小叶腔扩大，一个小叶腔内同时存在初级、次级、精子细胞阶段三种情况，开始表现出每一个精小叶的发育不同步性。

◇ 第Ⅳ期精巢

精子开始出现期，精巢外观乳白色，表面具分枝血管。精子首先在靠近输精管周围小叶内形成，然后突破生精囊推入小叶腔内，其中有部分成熟的精子。

◇ 第Ⅴ期精巢

精子完全成熟期，精巢外观饱满，呈乳白色，腹侧凹沟血管粗大。小叶腔中和输精管中充满精子，呈涡流状。轻压鱼体腹部，可见乳白色精液流出。

（3）胚胎发育

鳜鱼胚胎期的长短与水温密切相关。胚胎发育的最适水温为24～26℃，胚胎期约40小时。水温低于18℃或高于31℃，或者水温突然变动超过5℃，会导致胚胎发育出现畸形而大量死亡。

鳜鱼受精卵的卵裂方式与其他硬骨鱼相似，为盘状卵裂。受精卵经过多次分裂后，裂球越分越小，堆积在卵黄上端，呈桑葚胚。胚胎发育的过程人为地可以划分为四个阶段。

①囊胚期　受精后3小时，卵裂不断进行，分裂细胞越来越小，分裂球界限不清，成层排列，组成囊胚层，进入囊胚早期。分裂细胞在原胚盘处堆积成高帽状突起的囊胚，其高度约为卵径的1/4；受精后4小时，细胞继续分裂，其界线模糊不清，胚层向下方的植物极方向扩展，仅为卵径的1/6左右，呈扁平弧状覆盖在卵黄上。

②原肠胚阶段　受精后6小时，胚层下包到卵黄球的1/3左右时，隐约

可见胚环,进入原肠早期;受精后8小时,胚层不断下包、向内卷曲,胚层下包到卵黄球的1/2时,胚环明显,胚盾出现,为原肠中期;受精后9小时,胚层下包到卵黄球的3/4左右时,胚盾不断延长而出现胚体的雏形,进入原肠晚期。

③神经胚阶段 受精后10小时,胚层下包到卵黄球的5/6左右,植物极的卵黄大部分被包围,仅顶端一端口外露,随后胚孔闭合,在胚胎背面出现增厚的神经板,未现体节,进入神经胚期。

④尾芽期 器官形成至孵化阶段。受精后12~16小时,胚体逐渐延长,在胚体中部附近出现1~2对体节;随后体节数目增加,胚体头尾相距很近,胚后端腹面突出为尾芽,进入尾芽期。

随后胚胎逐渐发育,开始出现眼囊、尾鳍、眼睛、耳、心脏等器官,逐步有肌肉收缩、心脏搏动、血液循环、胚体扭动等现象,最后以尾芽刺破卵膜孵出。

(4)胚后发育

刚出膜的仔鱼全长4毫米左右,有28个肌节,眼已出现黑色素,心脏为一直管。肛后长2.2毫米左右,卵黄囊长径1.5毫米,位于仔鱼身体的前部腹面。除眼及卵黄囊外全身略透明,常作间歇性垂直运动,停歇时侧卧于水底。

出膜第二天,头部已离开卵黄囊向前伸直,胸鳍增大可前后摆动,下颌开始形成肝静脉和肠下静脉。第二、三对鳃裂出现。仔鱼已能水平向前轻轻游动。3日龄仔鱼眼球发育完善,凸出,左右可作同步转动,对光线已有较强的反应和分辨能力。出现鳃盖和鳃弓。口咽腔明显,口间歇性张合。前后肠尚未相通,鳔后室充气膨大。

4~5日龄仔鱼全长5毫米以上。肠管开始出现第一个弯曲,显示出食管和肠道的分化。上、下颌齿6~7对,口膜消失,口裂增大,可以开口摄食。胸鳍、背鳍、臀鳍开始分化,水平游动能力增强。

6~7日龄仔鱼全长7~8毫米。口裂周长1.2毫米,颊部鱼鳃条骨形

成皮膜。口咽腔增大,消化道初步发育完善。胃迅速膨大,胃壁增厚。幽门垂出现3个。鳔前室充气,胆囊出现于体右侧。

(5)稚鱼发育

8~10日龄稚鱼全长9~11毫米,进入稚鱼期,尾鳍具有骨质鳍条,背鳍、腹鳍、臀鳍已经分化,鳍条基部有细胞堆积。脊索上的软骨分成节。肠道弯曲更加明显,食管后紧接膨大的胃。幽门垂70~90枚。

13日龄稚鱼全长12~13毫米。胸鳍、背鳍、腹鳍、臀鳍、尾鳍的骨质鳍条较为明显。脊索上面的软骨环出现髓弓和脉弓。肌节初步形成"W"形。300多枚幽门盲囊呈树枝状,这是鳜鱼至关重要的辅助消化器官。

15~17日龄的稚鱼全长15~16毫米。各鳍的鳍条骨基本完成发育;髓弓和脉弓的顶端延长,肋骨出现。消化器官发育完善,与成鱼相似。体长至27毫米时已有细小鳞片,体形与幼鱼相仿。

第三章 ▶ **鳜鱼摄食生理及营养需求**

鳜鱼蛋白质含量丰富、肉质细嫩、无肌间刺、味道鲜美，自古以来就是我国名贵淡水鱼类品种之一，人工养殖也已有50多年的历史。鳜鱼属于凶猛型肉食性鱼类，自然条件下，一般生活在静水或有缓流的水体底层，喜水草茂盛的湖泊，昼伏夜出，捕食方式为伏击型。水温高于7℃均可摄食。在鳜鱼健康养殖中，由于鳜鱼独特的摄食特点，其对饲料及投喂技术都有特殊的要求，因此，必须遵循鳜鱼的摄食习性和营养需求，进行科学合理的投喂。

▶ 第一节 摄食行为和生理

一 摄食感觉

鳜鱼最典型的摄食习性是从开口即需摄食活饵，主动捕食其他鱼类鱼苗，饵料缺乏时会出现明显的同类相残、相食的现象。鳜鱼是色盲，视敏度不高，但视觉对运动很敏感。人工养殖条件下，水体相对较小，环境简单，饵料鱼丰度较高、活动躲避能力较低，鳜鱼对饵料鱼的运动和形状均较敏感，可利用视觉捕食；而自然环境相对复杂，视觉可能会受到一定限制，此时，侧线感觉将在捕食中起到一定作用。鳜鱼的侧线对饵料鱼的低频振动较敏感，可识别饵料鱼游动时微弱的振动并精准定位。但鳜鱼生长的早期阶段，视觉发育尚不完善，主要靠触觉进行摄食，因此，仔鱼阶段需要较高的饵料鱼密度以满足鳜鱼的摄食需求；成鳜经过驯化，在

饥饿状态时,触觉感受到食物后也会出现摄食反应。鳜鱼一般只捕食活饵而拒绝静止食物的原因主要是嗅觉和化学刺激难以诱导其摄食行为。

二 消化系统

鳜鱼口裂较大,口咽腔宽阔,口咽腔内遍布牙齿和味蕾。口咽腔味觉和触觉对食物吞咽起到重要的识别作用,口咽腔周围和舌表面均存在大量的Ⅰ型和Ⅱ型味蕾,可感知饵料的物理性质和味道,决定饵料能否被成功吞咽,鳜鱼倾向于选择吞咽具有一定味道且软硬合适的食物。

不同食性鱼类的消化系统结构和功能存在差异,肉食性鳜鱼消化道包括食管、胃、肠道和幽门垂。胃分为贲门部和幽门部,幽门连接肠道。幽门垂是肉食性鱼类特有结构,形状如同树枝,由幽门盲囊构成。幽门盲囊的组织结构与肠道相似,杯状细胞比肠道更为丰富,有提高肠道对食物消化吸收的作用,尤其是可提高对蛋白质的消化利用。

三 摄食行为

鳜鱼主要在夜晚和早晨摄食,养殖中往往选择傍晚投放饵料鱼。鳜鱼的摄食行为包括观察、跟进、袭击、咬住、吞咽等一系列动作。开始一般静卧于水底,当饵料鱼靠近或在视线范围内出现,鳜鱼会缓慢靠近并不断调整自身方位直至与饵料鱼齐平,一旦进入捕食范围,急速从尾部偷袭咬住并迅速吞入。因为鳜鱼自身持续游泳能力较弱,难以长久追逐食物,一般采取偷袭的方式摄食,所以对于连续剧烈运动的饵料鱼捕食成功率较低。

▶ 第二节　鳜鱼饵料鱼

鳜鱼属于凶猛型肉食性鱼类,其特殊的摄食习性决定了饵料鱼在鳜鱼养殖中的重要地位。活饵的优势主要包括适口性较好,营养成分均衡,天然饵料含有未知促消化酶类,提供有助消化的肠道微生物等。因此,饵料鱼的质量和数量直接决定了鳜鱼养殖的产量和质量,饵料鱼的规模化培育是鳜鱼规模化、标准化养殖的前提。

一 饵料鱼基本要求

2021年鳜鱼产量约为37.40万吨,按照每千克产量消耗3~4千克饵料鱼计算,鳜鱼养殖年消耗的饵料鱼超过100万吨。饵料鱼选择的基本原则是价格低廉、来源广泛、繁育简单、易于捕捞、体型和口感符合鳜鱼摄食习性。

1. 安全性

饵料鱼的安全性直接决定了养殖鳜鱼的安全性。饵料鱼来源地应该是安全无污染的,养殖过程中的饲料、鱼药等投入品符合相关要求,饵料鱼不能携带寄生虫、致病菌和病毒,不能含有毒有害物质残留。外源饵料鱼投喂前应该进行消毒处理。

2. 适口性

鳜鱼偏向于选择体型细长、鳍条柔软、个体较小的鱼类为食。投喂饵料鱼的规格要充分考虑鳜鱼的口裂和口咽腔大小,饵料鱼体高小于鳜鱼口裂一般可以被吞食。不同阶段的鳜鱼对饵料鱼规格要求也有所不同,鳜鱼苗主要摄食团头鲂、鲢以及其他野杂鱼的鱼苗。鳜鱼苗种孵化后约7天开始出现捕食行为,主要摄食饵料鱼仔鱼,早期可吞食相当于自身体长70%~80%的饵料鱼,随着鳜鱼自身生长,摄食饵料鱼的相对规格逐渐下降到50%,成鳜大概可吞食相当于体长25%~40%的饵料鱼。

3. 稳定性和及时性

饵料鱼来源要稳定,供给需及时。可选择就近购买饵料鱼,要求养殖区域附近有饵料鱼繁育场,能够随时购买相应规格的新鲜活饵;也可配套饵料鱼养殖,配套比例1:(3~4),用以专门培育饵料鱼。另外,还可以在鳜鱼养殖池塘中投放一些繁殖力高的鲫鱼、麦穗鱼等,以满足鳜鱼的部分摄食需求。在苗种培育阶段尤其需要及时投喂相应规格的饵料

鱼苗,避免饵料供给不足造成损失。

二 常见饵料鱼生长繁殖特性及培育方法

常见的饵料鱼有鲮鱼、鲢鱼、鳙鱼、鲂鱼、鲫鱼、鲤鱼、草鱼、鲴鱼、罗非鱼、麦穗鱼、鳑鲏等本土鱼类,鳜鱼养殖量最大的南方地区重要的饵料鱼是麦瑞加拉鲮、露斯塔野鲮和条纹鲮脂鲤(巴西鲷)等3种外来鱼类。

1. 团头鲂

属鲤形目、鲤科、鳊亚科。俗称武昌鱼。体型侧扁,呈菱形。团头鲂主要分布于长江中下游水系,是我国常见的淡水养殖品种之一,喜栖息于水草丰茂的湖泊中,主要以水草和水生昆虫为食。两龄可达性成熟,与鳜鱼生殖季节相近,怀卵量大,6.4万～24.3万粒,产卵水温为20～28℃,卵径较小,初孵仔鱼长3.5～4.0毫米,形体细小、柔软,是鳜鱼适合的开口饵料之一。

团头鲂养殖可选择面积为0.5～2亩的池塘,水深0.8～1.8米,可单养,也可与鲢、鳙和鲫等混养。团头鲂放养密度15万～20万尾/亩,搭配鲢3000～5000尾,鳙400～600尾和鲫1000～1500尾。苗种质量应该符合《GB/T 10030-2006 团头鲂鱼苗、鱼种》规定。苗种投放时水深控制在1米左右,透明度25～30厘米,投喂专用配合饲料,随着生长和水温上升,以每3～4天加深20厘米的速度逐渐提高水深至1.5米以上。夏季要注意水体消毒,一般采用生石灰、硫酸亚铁合剂全池泼洒。

2. 鲮鱼

鲮鱼是最常见的鳜鱼饵料鱼,包括鲮、麦瑞加拉鲮和露斯塔野鲮,其中鲮为本土鱼类,麦瑞加拉鲮和露斯塔野鲮均为外来种。生活在南方水温较高水域,可在华南地区养殖,在北方地区无法自然越冬。鳜鱼冬季也存在一定摄食行为,因此,一般需要配套其他饵料鱼来满足鳜鱼越冬饵料需求。

(1)鲮

也叫土鲮,属鲤科、鲮属,成鱼体长15～25厘米。头短小,体长两侧扁,背部在背鳍前方稍隆起,腹部圆而稍平直。背鳍无硬刺,胸鳍尖短。鲮体形修长,鳍条柔软,生长迅速,是鳜鱼的适口饲料。鲮为杂食性,鱼苗孵出4天后开始摄食浮游动物,后逐渐以摄食浮游植物为主,喜刮食藻类、吞食腐殖质,人工养殖可投喂米糠、花生麸等植物性饲料。产卵期4—9月,是广东、广西的重要养殖品种,福建也有养殖,一年四季均产。鲮鱼为底层鱼类,对溶氧的要求不高,能适应较肥沃的水体,可高密度放养。由于鲮鱼的饲料来源广、适应较肥水体环境、抗病力较强、群体产量高等特点,是一种优良的池塘养殖品种。

（2）麦瑞加拉鲮

原产于印度、孟加拉国等地,是当地的主要养殖鱼类,因此也常被称作印度鲮、孟加拉鲮。我国的麦瑞加拉鲮是1982年从印度作为食用鱼引进的,1985年在国内人工繁殖成功后不断在广东等地大力推广养殖。麦瑞加拉鲮的繁殖能力非常强,通常每千克体重可产卵10万～15万粒,在我国的繁殖季节通常为3—7月。麦瑞加拉鲮具有出肉率高、繁殖量大、易饲养等特点,因而受到广大养殖户欢迎。然而,随着社会发展和生活质量的提高,麦瑞加拉鲮消费市场逐渐缩小,麦瑞加拉鲮作为食用鱼的养殖越来越少。由于其繁殖量大,鱼苗生长速度快,因此麦瑞加拉鲮在南方广泛作为肉食性鱼类的饵料,用于鳜鱼和鲈鱼的养殖。

（3）露斯塔野鲮

印度淡水养殖的主要品种之一,因原产于南亚,又称南亚野鲮。露斯塔野鲮具有食性广、耐低氧性强以及生长快等优点,虽然露斯塔野鲮的种群数量比不上麦瑞加拉鲮,但是其生长速度更快,亩产比土鲮更高,也是一种优良的养殖鱼类。自然水域的露斯塔野鲮和麦瑞加拉鲮一样不断扩散,但是在养殖中其地位也同样在降低,逐渐成为养殖肉食性鱼类的饵料鱼和混养种类。

鲮鱼适宜水温20～30℃,池塘面积5亩左右,深度1.5米左右,透明度25～30厘米。6月下旬投放苗种,浅水下池,开始水深控制在40～60厘米,投放密度60万～80万尾/亩,后每4～5天水深加20厘米,待鱼苗长至

2厘米后,分塘至30万尾/亩,长至3厘米可放入成鱼池饲养。鱼苗阶段投喂豆浆,后投喂菜籽饼,5~15千克/亩。养殖过程中,可采用0.7毫克/升硫酸铜与硫酸亚铁合剂全池泼洒消毒。

3. 巴西鲷

又称小口脂鲤,属于脂鲤目、无齿脂鲤科、鲮脂鲤属。原产于南美,20世纪末从巴西引进。巴西鲷生长速度快,但肉呈橙黄色且品质不高,因此在食用鱼市场并不大受欢迎,但是由于繁殖量大和生长速度快的特点而被广泛作为饵料鱼使用。巴西鲷是目前已形成广泛养殖的种类,在饵料鱼市场尚有一席之地。

4. 罗非鱼

属鲈形目、丽鱼科、罗非鱼属。广泛分布于淡水和沿海咸水水域,原产非洲,我国广东、广西、海南、福建、江苏和安徽等地早有养殖。我国常见的罗非鱼品种有尼罗罗非鱼、莫桑比克罗非鱼、奥尼罗非鱼等。罗非鱼属于暖水性鱼类,主要栖息于水底层。生长速度快,食性较广,偏植食性,病害少,对环境有极强的适应性,适宜产卵温度为24~32℃,繁殖力强,亩产量可达1吨以上。作为鳜鱼配套饵料鱼,配套比例为1:3。

5. 家鱼

主要包括鲢、鳙和草鱼,这些均为我国传统的养殖鱼类,生长较快,但是苗种阶段相对脆弱,食物范围较窄,需要严格控制养殖环境,但经过数十年的应用生产实践,家鱼养殖技术已趋于成熟稳定。

(1)鲢

属鲤科、鲢亚科、鲢属,俗称白鲢。体型侧扁,生长迅速,是我国主要养殖品种之一。鲢是典型的滤食性鱼类,鳃耙细密,主要以浮游植物为食,人工养殖中可先培肥增加水体中浮游生物量,可以采用粪肥、化肥、草浆、青草堆肥培育法,也可投喂饲料原料和配合饲料粉末等。

(2)鳙

属鲤科、鲢亚科、鳙属,俗称胖头鱼、花鲢。体型与鲢相近,头大,占体长1/3左右。鳙鱼是传统的优良养殖品种,性格温驯,也是典型的滤食性鱼类之一,但与鲢鱼不同的是鳃耙相对稀疏,主要滤食个体较大的浮游动物,如轮虫、枝角类、桡足类等,同时也可投喂饲料原料和配合饲料粉末等。

(3)草鱼

属鲤科、雅罗鱼亚科、草鱼属,俗称鲩鱼等。体型圆筒状,体长腹圆。草鱼分布广泛,我国大部分淡水水域均有,是我国主要的淡水养殖品种之一,生长速度快。草鱼是典型的草食性鱼类,在早期阶段以浮游生物、藻类等为食,后主要摄食大型水生植物,觅食能力极强,人工养殖中投喂配合饲料。

四大家鱼苗种培育池塘面积以 1 ~ 3 亩为宜。鱼苗养殖密度15万 ~ 30万尾/亩,夏花养殖密度为3万 ~ 5万尾/亩。开始1周泼洒豆浆,后改喂花生饼、豆粉等植物性饵料,根据水质适当追肥培养浮游生物等天然饵料,每 4 ~ 5天增加水深10 ~ 15厘米,直至1.0 ~ 1.2米。

6. 鲫鱼

属鲤科、鲤亚科,是我国大宗淡水鱼品种之一,具有重要经济价值。鲫鱼为温水型鱼类,适应性强,分布极广,成鱼一般长15 ~ 20厘米,雌鱼怀卵量5万 ~ 30万粒,为多次产卵鱼类,产卵温度20 ~ 25℃,繁殖力极强,生长速度较快,主动觅食能力强,食性较杂,可摄食浮游生物、底栖生物、水生植物碎屑、小型鱼虾等。对养殖环境要求不高,能够耐低温、低溶氧,养殖成本较低,是鳜鱼的优良饵料之一。

7. 赤眼鳟

属鲤科、雅罗鱼亚科、赤眼鳟属。体呈长筒形,腹圆,后部较侧扁,体色银白,背部略呈深灰,眼的上缘有一显著红斑,故名赤眼鳟。是优质的经济鱼类,分布广泛,生长快、杂食性、适应性强。赤眼鳟从催产到仔鱼出膜仅需20 ~ 25小时,初孵仔鱼卵黄囊大,出膜后内源营养期可达72小时以上,赤眼鳟水花较为细嫩,适合作为鳜鱼开口饵料。

8. 其他野杂鱼

其他养殖水体和天然水体中的小型鱼类、虾类等。

三 饵料鱼的饵(饲)料

饵料鱼基本为常规养殖品种,养殖技术、饵料培育、配合饲料等均较成熟。根据饵料鱼的食性特点配套对应饵(饲)料。

1. 饵料鱼开口饵料

通过培水施肥,增加水体中浮游生物密度;饵料鱼开口后,可泼洒豆浆和粉状饲料满足饵料鱼摄食需求。

2. 滤食性鱼类饵料

鲢、鳙等滤食性鱼类主要摄食水体中浮游生物饵料,饵料鱼塘要保持水体肥力水平和浮游生物量。

3. 原料型饲料

养殖中为节约成本,很多养殖户采用饲料原料直接投喂饵料鱼,主要包括植物性饲料原料,如豆粕、玉米、麸皮等;动物性饲料原料,如鱼粉、肉骨粉等。

4. 配合饲料

饵料鱼配合饲料配方及工艺成熟,根据饵料鱼生长阶段,选择适宜的配合饲料以满足不同阶段的营养需求,特别是饵料鱼亲鱼,投喂优质配合饲料有利于提高繁殖力。

5. 饵料鱼(饵)饲料安全要求

为保障饵料鱼的质量安全,饵料鱼饲料原料要求产地无污染,无有毒有害物质,配合饲料及各类添加剂应该符合《GB 13078—2017 饲料卫生标准》《GB/T 11607—1989 渔业水质标准》和《NY 5051—2001 无公害食品 淡水养殖用水水质》等规定。

▶ 第三节 鳜鱼开口饵料培育

一 鳜鱼仔鱼开口时间及对应摄食生理状态

开口饵料的选择和投喂技术是提高苗种成活率的关键。22~25℃适宜温度下,鳜鱼孵化时间约为70小时,孵化后60~70小时即可开口摄食,开口时自身体长为5.5~6.0毫米。初孵仔鱼对外界环境抵抗力较弱,活动力不强,口裂较小,对饵料鱼规格有较高要求。如果饵料鱼个体太大,难以被仔鱼摄食吞咽,很容易造成死亡,一般选择出膜规格较小的饵料鱼苗作为鳜鱼的开口饵料。开口后的鳜鱼一般均能自由游泳,感觉敏锐,可捕食10厘米范围内的饵料鱼苗。鳜鱼苗在开口2~3天内若能成功摄食,则成活率较高,超过3天未摄食则基本丧失活动和摄食能力,最后饥饿死亡。

1. 常用开口饵料

饵料鱼能否被成功摄食取决于鳜鱼的口裂大小和饵料鱼的体长,适宜的饵料鱼规格可满足鳜鱼的摄食需求,节约成本,因此鳜鱼和饵料鱼的生长时间、生长速度、生产方式等均需精细控制以随时满足鳜鱼生长发育需求。养殖中常用的开口饵料为赤眼鳟、团头鲂等出膜规格较小的鱼苗,鳜鱼开口后,投喂刚出膜8~16小时尾部摆动但尚未完全平游的饵料鱼苗为宜。为保障仔鳜能够及时开口摄食,一般提供较高密度的饵料鱼苗,以提高摄食成功率。

2. 鳜鱼与饵料鱼苗配套

在鳜鱼人工繁殖同期进行饵料鱼人工繁殖,要精准把握鳜鱼的开口时间和饵料鱼苗的孵化时间及出苗量。以饵料鱼团头鲂为例,团头鲂从催产到出苗为60~70小时,因此一般在鳜鱼催产1~2天后催产团头鲂较为合适。投喂初期,饵料鱼苗量为鳜鱼苗的2~3倍为宜,随后逐渐增加,至14～15日龄可按照10～20倍鳜鱼苗量投喂饵料鱼苗。另外,由于同批次鳜鱼苗个体间存在差异,因此要根据鳜鱼苗实际规格配套不同规格的饵料鱼苗,以保障较小的鳜鱼苗也可成功摄食,鳜鱼苗种培育阶段配套饵料鱼规格和投喂量见表1。判断鳜鱼是否饱食,可观察腹部是否膨大及是否有主动觅食行为,根据饱食率、摄食时间和剩余饵料鱼数量适当调整投喂量。饵料鱼在投喂前可采用2%的甲醛和1%的聚维酮碘带水消毒杀菌。

在实际生产中,同一时间不能只生产同一种规格的饵料鱼,应该结合鳜鱼的生长发育,配套3～4个不同的饵料鱼池,通过设置控制饵料鱼养殖密度和投喂策略使其满足不同规格鳜鱼的摄食需求。

表1 鳜鱼苗种培育阶段饵料鱼配套对照表

鳜鱼规格/日龄	饵料鱼种类规格	投喂量(鳜鱼苗倍数)	投喂次数
3～5日龄,开口	初孵团头鲂等鱼苗	2～3倍	3～4次
5～7日龄,<1厘米	2日龄团头鲂、鲢鳙等	3～5倍	2～3次
8～10日龄,≈1厘米	3～5日龄团头鲂、鲢鳙等	8～10倍	2～3次
10～15日龄,1.0～1.5厘米	7日龄左右,1.0～1.2厘米	10～20倍	2～3次
>15日龄,3～10厘米	1.0～1.2厘米	100～200倍	鳜鱼与饵料鱼混养

▶ 第四节 成鳜饵料与投喂策略

一 池塘精养

1. 养殖前饵料鱼苗准备

养殖池塘中鳜鱼基本靠人工投喂饵料鱼,饵料成本占养殖总成本的80%以上。饵料鱼的有效利用对促进鳜鱼生长、降低养殖成本有重要意义。虽然可满足鳜鱼生长需求的饵料鱼种类繁多，但还是应该根据养殖区域条件，综合考虑饵料鱼的养殖难易度、普遍性和养殖成本。目前，除南方暖水性区域，采用鲢、鳙、鲫、鳊等作为鳜鱼饵料鱼较为常见。鳜鱼夏花放养前，养殖水体投放足量的饵料鱼苗供鳜鱼后期摄食，鳜鱼的投喂活饵的饵料系数为3~4，在年度养殖前需根据当年生产规模制订饵料鱼养殖或订购计划，饵料鱼的品种、供应时间、规格、数量等均需大致确定以保障及时足量供应。可在鳜鱼苗放养前15天，主养池塘分别投放鲫鱼水花和鳊鱼水花50万尾/亩，投喂豆浆和破碎饲料。

2. 池塘精养鳜鱼苗投放密度与规格

在主养池塘投放体质健壮、鳞片完整、色泽鲜艳的鳜鱼苗，投放密度为1万尾/亩，规格为3~5厘米。

3. 饵料鱼配套

在鳜鱼苗下塘第2天和第10天，配套饵料鱼池塘分别投放鳙鱼水花和鲮鱼水花50万尾/亩，投喂豆浆和破碎饲料，需保证饵料鱼满足鳜鱼的适口性。通过投喂量和投喂频率控制饵料鱼体长为鳜鱼体长的30%~50%，前期每隔3天投喂1次，中期每2天投喂1次，后期每3天投喂1次，亩投喂量50千克饵料左右。

4. 及时补充饵料鱼

当主养池塘的鳜鱼出现频繁追逐饵料鱼，溅起较大水花时，表明饵料鱼的数量可能已经不足。应及时补充配套饵料鱼至主养鳜鱼池塘，注意采用分批投喂的方式进行，避免一次性投饵过多。

二 池塘套养

主养草鱼、鲢鱼、鳙鱼等池塘可套养鳜鱼，套养鳜鱼规格应小于主养品种1.5倍，放养规格可选择5~15厘米，放养密度20~30尾/亩。可根据池塘中野杂鱼数量适当调整套养数量，可在池塘中混养2万~3万尾鲫鱼夏花作为鳜鱼的饵料，饵料鱼不足时可适当外源补充饵料鱼。

（三）河蟹养殖池塘套养鳜鱼

在河蟹养殖池塘套养鳜鱼也是一种较为常见的模式。河蟹养殖池塘野杂鱼较多，套养鳜鱼可以起到控制野杂鱼的作用。鳜鱼可充分利用养殖空间和饵料资源，投放规格可以选择5～15厘米，放养密度20～30尾/亩，一般无须补充或仅需少量补充饵料鱼。

▶ 第五节 配合饲料养殖鳜鱼技术

一 配合饲料的优势

鳜鱼养殖中饵料鱼配套养殖需要耗费大量的人力、物力，养殖门槛较高，使得鳜鱼养殖规模和产量提升较慢，优质商品鳜供不应求。鳜鱼配合饲料投喂养殖，近年来也越来越受到重视，从鳜鱼摄食行为、生理、代谢、营养需求、饲料研制等方面开展了大量研究和应用，全程投喂配合饲料成功养殖鳜鱼的案例也越来越多。

配合饲料相对活饵，有以下主要优势：配合饲料营养成分可控，鱼体吸收率较高，资源浪费较少，降低养殖成本；生产中可根据鳜鱼不同生长阶段的营养需求调整饲料配方，可更好地满足鳜鱼的生长需求；配合饲料相比活饵和冰鲜鱼，可进行各类消毒、杀菌操作，有利于病原体防控，从而减少鱼病发生；标准化的饲料质量控制，可使饲料保质更久，使用更加便捷；可通过在饲料中添加免疫增强剂、中草药等动保产品或药物，起到预防和治疗鱼病的作用；配合饲料投喂可做到定时定量，机械化操作，利于鳜鱼形成摄食节律且大幅度降低对劳动力的需求。

二 鳜鱼营养需求

1. 鳜鱼的营养组成

鳜鱼自身化学组成是评价其营养和生长状况的重要指标。鳜鱼全鱼水分含量约占70%,干物质中粗蛋白和粗脂肪和灰分分别约占70.5%和8.2%,肌肉水分含量约占80%,干物质中粗蛋白和粗脂肪含量分别约占89.5%和7.2%。

2. 基本营养需求

蛋白质是鱼体生长发育的物质基础,饲料中蛋白质含量不足会减缓生长、影响免疫力,导致疾病发生;但过高的蛋白质含量则会降低蛋白质的利用效率,增加养殖水体中氮的排放,破坏水质。鳜鱼属于典型的肉食性鱼类,饲料中蛋白质要求较高,幼鳜蛋白质需求为45% ~ 50%以上,饲料赖氨酸需求量为2.0%以上,蛋白质能量的最适比值为45:12。

脂肪是代谢活动中能量的重要来源,为机体提供必需脂肪酸、磷脂、胆固醇和脂溶性维生素,维持细胞膜的生理结构和功能。饲料中适当添加脂肪可以节约蛋白质,减少氮排泄对养殖水体的破坏。鳜鱼饲料适宜粗脂肪含量为4% ~ 12%,脂肪含量过高会加大肝脏代谢压力,容易造成脂肪肝及肝胆综合征等代谢疾病。

碳水化合物的添加可为蛋白质合成提供碳架、能量,还可起到黏合剂作用。但鱼类对糖类物质的代谢能力较差,特别是肉食性鱼类,碳水化合物含量过高会引起代谢疾病,长期摄入会导致厌食、消瘦甚至死亡。鳜鱼适宜淀粉添加量为8% ~ 10%。

3. 鳜鱼配合饲料类型

配合饲料主要包括粉状饲料、颗粒饲料和微颗粒饲料。常用的为颗粒饲料,可分为软颗粒饲料、半湿性颗粒饲料、硬颗粒饲料和膨化饲料,膨化饲料因其环保性和适口性较高越来越广泛地被使用。微颗粒饲料工艺要求较高,主要用于生长的早期阶段。鳜鱼人工配合饲料要求饲料原料优质,配比可满足鳜鱼的基本营养需求,还需符合鳜鱼的摄食习性,

易于完成驯化。饲料呈长条形,适宜的长宽比为(2~3):1,色泽较浅,与活饵颜色相近;饲料含水量在30%左右为宜,避免过硬或者过软,影响鳜鱼摄食吞咽。

4. 鳜鱼饲料选择与质量控制

一般养殖户可采用正规厂家生产的鳜鱼专用饲料,饲料的规格要与鳜鱼生长阶段和规格匹配;养殖规模大、有设备和技术条件的养殖场也可以自行配制配合饲料,饲料配方要科学合理,饲料原料来源和质量稳定,所有的生产工序要精确合规确保落实到位,制作的饲料物理性状、营养成分等均要符合鳜鱼摄食生长需求,且配合饲料和添加剂应符合《GB 13078—2017 饲料卫生标准》和《NY 5072—2002 无公害食品 渔用配合饲料安全限量》的安全指标限量。通过鳜鱼的摄食、生长和健康状况判断饲料的优劣,合理调整投喂方法。

5. 配合饲料驯化方法

鱼类食性具有稳固性和可塑性,自然条件下鱼类占据相对固定的生态位,食性也相对稳定,鳜鱼在自然条件下以活食为饵;人工养殖条件下,活饵在水中呈自由泳状,死饵在水中呈漂浮状,冰鲜鱼块在水中呈不定向、缓慢下沉,配合饲料在水中呈垂直下沉。鳜鱼能识别水中漂动、水平移动或垂直下沉的物体,对垂直下沉的饲料,未经驯化的鳜虽有跟踪行为,但一般不会捕食。通过食物驯化,鱼类食性可发生适应性转变,对新食物往往存在一个从拒绝摄食、饥饿后被迫摄食、逐渐习惯摄食直至群体抢食的转变过程。鳜鱼的饲料驯化也应根据其摄食行为特点进行,在适当的时机,遵循适应、驯饲、巩固三个过程。

(1)驯化时机和苗种投放

依据天然饵料和幼鱼生长状况适时驯饲,一般在4~5月开展较为合适。此时水温等条件适宜鳜鱼快速生长,且鳜鱼苗规格在4~5厘米,幼鱼食性尚未完全形成,攻击性相对较弱,可以避免群体间相互残食。驯化池要提前培肥,透明度控制在30厘米左右。较高密度有利于促进鳜鱼苗抢食,可采用网箱集中驯化,网箱不宜太大,5米×5米×1.5米较为合适,苗种密度可设置为每平方米水面投放200~250尾;也可在池塘中驯化,苗种密度可设置为每平方米水面投放50~150尾。鳜鱼喜昼伏夜出,驯化投喂时间宜选择在傍晚,驯化池适当遮光有利于提高驯化率。

（2）适当饥饿

鱼类摄食行为主要由食欲信号进行调控,当鱼体处于饥饿状态时,与摄食调控相关的调节因子会做出应答,短期饥饿可促进摄食,但如果长期饥饿则会降低摄食能力。适当饥饿可促使鳜鱼摄食不符合自然食性的食物,驯化开始可使鳜鱼适度饥饿。

（3）驯化过程

①适应

为使鳜鱼能够更好地被驯化,可提前建立摄食信号,生产中一般采取水流刺激的方式进行;在投喂前10分钟开启水流装置,用直径3厘米左右的管道冲水,流速为0.5米/秒左右,水流对准食台中央,吸引鳜鱼游至水面抢食,活饵投喂时虽不需要水流刺激,但水流为作为投饵的信号,对后期驯化及养殖中鳜鱼抢食饲料具有诱导作用,且水流可使饲料呈动态,有利于鳜鱼跟踪摄食。

鳜鱼首先要适应配合饲料的理化性质,配合饲料在水中下沉后静止,不利于鳜鱼跟踪摄食;饲料如具有形状多为颗粒状且质地较硬、含水量较低等物理性质均不利于鳜鱼捕食,成功驯化的前提是鳜鱼可适应配合饲料,完成摄食吞咽行为。鳜鱼凭借口咽腔中的味蕾识别颗粒饲料,未经驯化的鳜鱼摄食到颗粒饲料后,本能反应会拒绝吞咽,迅速吐出饲料。

②驯饲

驯饲大致可依照投喂活饵料鱼—无自主活动能力的新鲜饵料鱼—冰鲜鱼—软颗粒饲料—硬颗粒饲料的过程进行。如果驯化过程中出现较高死亡率,表明对饲料适应性较差。早期驯化中,鳜鱼更容易接受软颗粒饲料,然后可逐渐以硬颗粒饲料替代使用。

驯饲开始后第1天适度饥饿;第2~3天采用50%活饵料鱼和50%无

自主活动能力的新鲜饵料鱼进行投喂,分批次投喂,先少量引起抢食,后足量确保鳜鱼苗的摄食需求;第3～4天逐渐降低活饵料鱼比例至完全投喂无自主活动能力的新鲜饵料鱼;第5～8天逐渐降低新鲜饵料鱼比例至完全投喂冰鲜饵料鱼;第9～12天逐渐用软颗粒饲料替代冰鲜鱼;第13～17天逐渐用硬颗粒饲料完全替代软颗粒饲料。驯饲过程中,如果出现鳜鱼不适应的情况,需适当延长对应驯饲阶段,整个驯饲过程可能持续17天以上。对于适应能力较强的苗种,驯饲期可能缩短到1周以内。

③强化巩固

鳜鱼正常摄食人工饲料后,还需保持稳定投喂3天以上,以巩固和强化较早或即将适应人工饲料的鳜鱼的摄食能力,达到稳定摄食人工饲料状态。主要以肉眼观察腹部轮廓与饱满状态判断是否成功摄食配合饲料。饱食投喂30分钟后,腹部膨大饱满者视为驯饲成功,腹部凹陷、鱼体消瘦视为未成功驯饲。整个过程可能持续5～15天甚至更久,驯化失败的鳜鱼一般由于过度饥饿丧失了再度摄食活饵的能力,最终死亡。驯化结束后要及时分离驯化失败的个体,防止驯化成功的个体出现食性逆转。

④驯化后饲料养殖

鳜鱼苗种驯化成功后分塘养殖,池塘养殖密度2000～5000尾/亩,投喂前开启水流诱导鳜鱼摄食,将饲料洒在水流冲击点上,配置气盘,使饲料在气盘范围内有助于鳜鱼摄食且避免饲料浪费。投喂速度可根据鳜鱼摄食速度进行调整,当鳜鱼不再上浮抢食即可停止投喂。每天早晚各投喂一次,日投喂率2%左右,根据摄食情况适当增减。

6. 饲料鳜鱼养殖技术和成本分析

(1)饲料鳜鱼养殖技术普及率

鳜鱼苗的饲料驯化技术难度较大,流程复杂,对鳜鱼自身体质和饲料质量要求均较高。目前国内主要由专门的科研团队、苗种培育企业和饲料企业联合攻关,全程饲料鳜鱼养殖在部分试点取得成功,但总体驯化率较低;成功驯化的饲料鳜鱼苗种量少,规格偏大,价格较高,市场普及率较低。

（2）饲料鳜鱼养殖成本分析

饲料鳜鱼苗种成本较高,驯化苗价格达4~5元/尾,是传统苗种价格的7~8倍;配合饲料的使用可以大幅度降低活饵培育的人力、物力,节约总体养殖成本45%左右。总体看来,配合饲料模式养殖成本控制上存在明显优势,但驯饲品种、配套苗种培育、养殖环境、饵料、营养、驯化技术等方面还有待提升,以便于规模化养殖。

第四章 鳜鱼的人工繁殖

鳜鱼的人工繁殖是在人为控制下,将鳜鱼亲本进行采集后,通过强化培育措施,使亲鱼的性腺发育达到性成熟,并通过流水刺激、注射催化剂等一系列的生态、生理方法,使鳜鱼完成产卵、受精、孵化,从而获得健康的鳜鱼苗种,供下一轮养殖所用,这个过程就是人工繁殖。其生产技术应符合《无公害食品鳜养殖技术规范》(NY/T 5167—2002)。

▶ 第一节 亲鱼的来源与选择

一 亲鱼的来源

鳜鱼亲鱼是用来繁殖鱼苗的种鱼,筛选本养殖场人工培育的已达性成熟的鳜鱼,在鱼池中或网箱中精心培育亲鱼,经过精心的投喂和饲养管理而成熟。这不仅大大降低了亲鱼的成本,而且避免长途运输使亲鱼受伤,催产效果良好,目前用于人工繁殖的主要是这种来源。生产上应尽可能在鳜鱼越冬前捕捉,延长其强化培育时间,以提高繁殖效果。但是要注意最好不要长期使用同一渔场中的雌雄鱼配组繁殖,以免引起近亲繁殖,使鱼的抗病力、生长速度等性状退化。

原良种场购买,挑选经过选育的个体较大、形态较好和无疾病感染的鳜鱼作为亲本。

二 亲鱼的雌雄鉴别

在亲鱼培育和催产时,均要有合适的雌雄比例,因此要掌握鉴别鳜鱼雌雄的方法。鳜鱼的雌雄在幼体时较难辨别,接近或达到性成熟时,尤其在繁殖时期雌雄个体较容易区分,因为在鳜鱼繁殖季节及其前后的一段时间内,雄性亲鱼的精液相当丰富,用手轻轻挤压亲鱼腹部,看是否有精液流出就可确定是雄鱼或是雌鱼。在此时期以外,可从鳜鱼的不同外形特征来鉴别雌雄鱼,主要从头部、泄殖区、腹部来区分。

1. 头部区别

雄鱼的下颌前端呈尖角形,超过上颌很多,即下颌长而尖。

雌鱼的下颌前端呈圆弧形,超过上颌不多,即下颌短而秃。

鳜鱼亲鱼雌雄头部腹面外观也看到有较大的区别。

2. 泄殖区区别

雄鱼的泄殖区为2个孔,分别是肛门和泄殖孔(生殖孔和尿孔合为1孔);泄殖孔在肛门之后,呈圆形,输精和排尿共用。

雌鱼的泄殖区有3个孔,分别是肛门、生殖孔和尿孔。生殖孔呈"一"字形白色圆柱状生殖突起,在肛门与尿孔之间,呈桃红色。

3. 腹部区别

成熟的雌鱼腹部膨大、柔软而富有弹性,卵巢轮廓明显,腹中线略向下凹陷,生殖孔和肛门稍突出微红,提起尾部,两侧卵块明显可见,卵巢下坠后有移动状,用手轻压腹部,有少许胶状卵液和浅黄色卵粒流出。

雄鱼腹部没有雌鱼的膨大,但轻压成熟雄鱼腹部,有乳白色精液流出,入水后能自然散开。

雌雄鳜鱼的区别主要特征见表4-1。

表4-1　鳜鱼雌雄鉴别

部位	雌鳜	雄鳜
下颌	圆弧形,超过上颌不多	尖角形,超过上颌很多
生殖孔	腹部3孔,生殖孔位于中间,呈"一"字形	腹部2孔,生殖孔和尿孔合为1孔,在肛门后
腹部	腹部膨大、柔软,轻压有卵粒流出	腹部不膨大,轻压有乳白色精液流出

三 亲鱼的选择

为提高鳜鱼苗的成活率,作为人工繁殖用的亲鱼,要逐尾检查选择,不符合要求的坚决不要,以免影响后面的生产。鳜鱼亲鱼在选择时,要着重抓好以下几点:

1. 体形

鳜鱼的躯体呈菱形,选择亲鱼时,要挑选从背部到腹部的垂直距离大的,并且这个距离越大越好。

2. 体色

翘嘴鳜体色是黄绿色,大眼鳜体色是古铜色(黄褐色),因此选择亲鱼时要选黄绿色的翘嘴鳜,而不要选古铜色的大眼鳜,即使一群鱼中大眼鳜的个体最大,也不要选。

3. 体质

鳜鱼的亲鱼要求体质健壮、形体标准、游动活跃、无伤、无残、无病、体表没有寄生虫寄生。

4. 体重

鳜鱼生长速度快,当年鱼苗一般年底能长到0.5千克左右,个别大的个体能长到1千克以上。因此,选择雌性亲鱼要选2千克以上的个体,选择雄性亲鱼也要选1.5千克以上的。最好是雌雄亲鱼体重体长相差不大。如果实在限于条件的影响,雄鳜的最低体重不能低于0.5千克,雌鳜不能低于0.75千克。挑选亲鱼时,除了从外形特征鉴别雌雄外,也可以通过挤压鱼腹鉴别雌雄,有精液流出的是雄鱼,没有精液流出的是雌鱼。

5. 体长

必须选择个体大的亲鱼,亲鱼个体大,不仅怀卵量大,而且其卵粒大,孵化的鱼苗个体也较大,这就容易吞入其他饵料鱼的鱼苗。鳜鱼用于人工繁殖的亲鱼以全长 20~30 厘米为好。

6. 年龄

鳜鱼用于人工繁殖的亲鱼以 3~5 龄、第二次性成熟的亲鱼为好。

7. 雌雄比例

如果让鳜鱼自然产卵和受精,挑选出的亲鱼中,雄鱼要多于雌鱼,雌、雄比例最好达到 1:(1.5~2)。如果供挑选的鱼中,雄鱼达不到要求数量,雌雄比例也可降至 2:3,也可以 4:5 或 5:6,最少不能低于 1:1。

采用人工授精时,雄鱼可以少于雌鱼,一尾雄鱼的精液可供 1~2 尾同样大小雌鱼之用。在配组时,应特别注意同一批催产的雌雄鱼的个体重量应大致相同,以保证繁殖动作的协调,提高受精率。

8. 选择时间

亲鱼挑选要在繁殖前 5~6 个月进行,也就是最好在繁殖前 1 年的秋冬季节捕捉,这样就可以延长亲鱼的人工培育时间,提高繁殖效果。

▶ 第二节 亲鱼培育

鳜鱼亲鱼的培育是人工繁殖非常重要的一个环节,鳜亲鱼培育的过程,就是创造条件,强化培育,增强体质,使鳜鱼性腺发育成熟。亲鱼发育良好是提高人工繁殖效率的关键,亲鱼培育得好坏,直接影响性腺的成熟度、催产率、鱼卵的受精率和孵化率,只有在亲鱼性腺充分成熟的基础上,再辅以适当的催产措施,人工繁殖才有良好的效果。无论从天然大水体中捕捞的还是从池塘养殖中选留的还是从原良种场购买的鳜鱼,都必须经过培育后才可用于繁殖生产。亲鱼培育分两种情况:一种是专

门培育,另一种是套养培育。其中专门培育又可分为常规培育和早繁亲鱼培育;套养培育又可分为套养当年繁殖用亲鱼和套养后备亲鱼。

一 常规培育

1.亲鱼培育池

亲鱼培育池的要求并不是太高。如果没有专门的亲鱼培育池,只要将一般的鱼池稍加修整,使其达到生产要求即可使用。

(1)位置

亲鱼培育池应靠近水源和产卵池、孵化场所。避免长距离的运输,减少人为伤害。

(2)面积

亲鱼培育池和成鱼养殖还是有一点差别的,为了便于管理,要求池塘不要太大,通常以3~6亩为宜,形状不限,但从接收光照及便于饲养和捕捞的角度考虑,还是建议培育池以长方形为好。如果培育池过大,培育时所需求的水质不易掌握,从而对培育效果造成影响,另外,亲鱼多时,只能分批催产,多次拉网捕鱼会影响催产效果。

(3)水深

池塘的水深要适宜,不可太浅,通常以1.5~2.0米为宜。

(4)底质

为了便于将亲鱼捕捞上来打针、产卵,要求池底平坦,少淤泥;为了保证培育时水位的相对稳定,要求池塘的底质具有良好的保水性能和保肥性能。

(5)池塘准备

每年在亲鱼入池前半个月,清整池塘,挖出过多淤泥,维修和加固池埂,割除杂草,疏通进、排水口,加固池埂,池底应保持一定的坡度。用生石灰带水清塘,每亩水深1米用量100~150千克,用水化开后立即全池泼洒;或者进行干法清塘,将池水降排至5厘米深时,在池的四角和中央挖坑溶入生石灰,每亩水深1米用量75~100千克,溶化后均匀泼洒,进

行彻底清塘。7～8天后,放入小鲫鱼试水,鲫鱼活动正常,表明毒性已消失,就可进行鳜鱼亲鱼放养。

2. 常规培育要点

性成熟的亲鱼须经过强化培育,培育的时间一般为半年左右,重点放在秋季和春季。强化培育中要注意两点:一是要有充足适口的饵料鱼,池中有鲫鱼、鳑鲏等小型底层鱼,并定期投喂7厘米左右的鲢、鳙鱼种,在繁殖前两个月,将雌雄鱼分池饲养;二是要保证良好的水质,培育期间,坚持每天早中晚巡塘,观察水质情况,最好定期冲水,创造微流水的环境,以保证亲鱼的良好发育。如果没有微流水,要保证每隔10～15天冲水1次,催产前一个月每隔2～3天冲水1次,以流水刺激鳜鱼的性腺发育和增加鳜鱼的摄食量,但是冲水时不要直接将水流对准泥底,而且流量也不宜太大,可用木板等用具让水流沿着池子的四周慢慢转动并形成微流水。另外为了保证亲鱼池的溶氧充足,池中还要安装增氧机,在溶氧低时和晴天中午开机,防止鳜鱼缺氧浮头。

二 早繁亲鱼培育

早繁亲鱼就是在1月份将鳜鱼亲本提前移入温室逐步加温,然后进行强化培育,使鳜鱼在3月底至4月初达到性成熟,从而达到提早繁育苗种、当年养成商品鱼的目的。整个培育过程可以分为常温培育(也就是室外培育)和加温培育(也就是室内培育)两个阶段。

1. 常温培育

培育池面积为2～5亩,皆为东西走向,也可用简易的长方形塑料大棚,池底淤泥深10～15厘米,池深2.0米,水深1.2米,注排水方便。放养前用生石灰干法清塘,施生石灰100～150千克/亩。用于人工繁殖的鳜鱼亲鱼,可直接从天然大水域中捕捞。捕捞的亲鱼应逐尾严格选择,要求体质健壮、体形标准,无伤无病,体重在1千克以上,年龄在2龄以上,性腺发育良好。鳜鱼亲鱼的雌雄配比为1:1.2左右。其他的管理措施和前面的常规培育是一样的。

2. 加温培育

在鳜鱼早繁苗的培育体系中,加温培育是常温培育的延续,是指鳜鱼亲鱼在室外池塘正常培育到12月中旬,这时由于温度下降,有的地方已经进入冰点,鳜鱼亲鱼的摄食量严重下降,这时就必须转入温室中继续培育,通过增温、增氧、冲水、投喂饵料鱼等措施来促进鳜鱼亲鱼性腺比常规条件下发育能提前2个月左右,以达到提早繁殖的目的。

(1)温室设施

温室是实现鳜鱼亲鱼加温培育、提早进行人工繁殖的关键设施,因此温室的建设和里面的设施是非常重要的。一般建议将温室建在水源充足、水质良好的地方,同时要求温室内外换水方便且换水时对温度影响能控制在最低范围内,当然为了亲鱼的运输和繁殖的便利,要求建设温室的地方交通要方便、信息要通畅。为了保证温室能有效地利用自然光照,温室的形状以长方形为宜,且呈东西向搭建。

温室基本设施主要包括五大部分:一是温室的主体部分,也是温室里最主要的部分,就是亲鱼培育和人工繁殖育苗系统。采用玻璃钢板建设的温室大棚,建筑面积按生产规模确定,从投资的角度来看,建设一座温室的面积不要低于1000平方米,内设长方形培育池、产卵池、孵化环道、孵化缸以及饵料鱼培育池等;二是供水系统,这是确保亲鱼培育及繁殖用水的及时供应的设施,室内有换水调温池,室外有水质净化池2000平方米左右,容积为300立方米左右的蓄水塔一座;三是控温加热系统,这是鳜鱼实现早繁的重要设施,包括锅炉、供热管道和控温设施,是确保持续供热的基础;四是冷热水净化调配及进排水系统;五是供电系统(包含发电机组一套)、增氧设备(包括盘式微管增氧系统)。

(2)鳜鱼亲鱼放养

在温室内可根据鳜鱼亲鱼的多少以及需要繁殖早繁苗的规模来预先设置几个水泥培育池,每个培育池的面积以120～180平方米为宜,池深0.8～1米。在池子底部要预先设置循环热水加热系统、进排水系统、充气增氧设备等。在亲鱼入池前半个月,对水泥池进行打扫、消毒、浸洗,如果是新建的水泥池,还需要提前10天对池子进行"去碱"处理,目的是除去硅酸盐对鳜鱼亲鱼及幼鱼和水质的影响,其方法如下:一是用醋酸中和法;二是用碳酸氢钠(小苏打)或硫代硫酸钠浸泡两天后再用清水洗涤;三是按50千克水中溶解12克磷酸的比例配制溶液浸泡新池1~2天,可达到去碱的目的,接着再用盐水或高锰酸钾溶液冲洗并注满水池浸泡1周左右。换入新水,先放几尾鱼试养无妨后,再放鱼就安全了。亲鱼入池时用15~20毫克/升的高锰酸钾溶液浸浴5~8分钟或3%~5%的食盐溶液浸浴3~5分钟,杀灭体表的病原菌、寄生虫等,也可用浓度为15毫克/升的漂白粉浸洗5分钟。另外要注意亲鱼入池时的温差不宜超过3℃,放养密度为2~3尾/米²。雌雄配比为1:(1~1.5)。

(3)饵料投喂

在温室里培育亲鱼时,温度比较高,鳜鱼的摄食欲望比较强烈。这时就需要进行正常的投喂了,常用的饵料鱼均可投喂,但是出于饵料鱼的来源方便与否,建议还是采用鲫鱼、花白鲢等来源方便且数量充足的鱼种作饵料鱼,规格以12~15克/尾为宜。虽然投喂时可以一次性将饵料鱼全部投入培育池里,这样也方便管理,但是对培育池的水质控制不利,而且也会影响水体的更换频率,因此为了减轻亲鱼培育池的载鱼量,建议采取定期投喂,也就是每3~4天投喂一次,每次投饵量只要控制在亲鱼尾数的8~10倍就可以满足要求。饵料鱼投喂前用5%食盐水浸洗3~5分钟,以防带入细菌和寄生虫。另外对于温室内的饵料鱼亲本来说,为了确保它们能同步发育,满足鳜鱼苗刚出膜后就有食物吃,对这些饵料鱼的亲本也是需要投喂的,主要是投喂配合饲料,日投喂量为培育池内家鱼亲本总体重的5%~7%。

(4)水温调控

根据鳜鱼亲鱼在自然气候条件下性腺发育的规律和性腺发育成熟所需的自然积温,进行科学水温调控,温度调控的幅度不要太大,要循序渐进,通常是每10天提高水温1~2℃,这样就能确保在3月初水温达到21~23℃,产卵前10天提高到25℃左右,达到鳜鱼最适的繁殖温度。另

外,还要根据鳜鱼亲鱼的性腺发育进程来适时调节温度,方法是从3月份起,每隔8~10天检查一次鳜鱼亲鱼的性腺发育状况,然后根据性腺的发育情况再科学合理地调控水温,促使亲鱼能如期达到催产要求,实现早繁的目的。

（5）水质管理

对于亲鱼培育来说,水质管理与调控是非常重要的工作,由于早繁亲鱼的培育是在温室中进行的,温室里的水温通常会保持在18℃以上。这个温度条件下,鳜鱼的活动能力强,摄食量也随之增大,当然排泄物多,水质极易恶化,因此要特别注意池水的水质状况。为了确保水质不败坏,要重点做好水泥池的吸污、换水的管理工作,每天坚持吸污1次,在吸污前的1个小时不要投喂。同时视水质状况,每5~7天换水1次,每次换水量为池水的1/3。换水前,先将调温池的水温调节到与培育池的水温相一致,然后进行换水,减少鳜鱼应激概率。

（6）充氧与冲水

鳜鱼本身对溶解氧比较敏感,在温室条件下,如果不加强充气的话,可能会长期发生池水溶解氧不足的情况,因此一定要做好溶解氧的供应工作,可以用盘式微管增氧来满足要求,既能保证溶氧充足,又可节约用电。另外为了促进鳜鱼的性腺快速发育,从3月份起,每天在池内冲水2小时左右,有利于消耗亲鱼积累过多的脂肪和促进性腺发育,冲水次数和时间长短应根据其成熟度合理调节。冲水可利用培育池水进行内循环,以减少热能的损失。

三 亲鱼池套养

鳜鱼是一种凶猛性肉食鱼类,如单独培育,投以活饵料,成本较高。根据生产实践和试验,将鳜鱼亲鱼套养在家鱼亲鱼培育池中是一种行之有效的方法,因为家鱼亲鱼一般都较大,不会受到鳜鱼亲鱼的伤害,家鱼亲鱼池的载鱼量较低,而且池中有一定数量的野杂鱼,可以供鳜鱼摄食,只要在家鱼亲鱼培育的基础上,加强水质管理,增加投喂鲢、鳙鱼种作为

鳜鱼亲鱼的补充饵料,就能培育出成熟度较好的鳜鱼亲鱼。

将采运来的鳜鱼消毒处理后,放入四大家鱼亲鱼池中混养,放养密度视池塘里小鱼、小虾的数量而定,每亩放养 15~20 尾,雌雄比例 1:(1.2~1.5)。繁殖前集中进行专池强化培育,培育期间应投喂小杂鱼、虾及鲢鱼、鲫鱼等鱼种。饵料鱼投放要适时、足量,投喂前用 5% 食盐水浸洗3~5 分钟,以防带入细菌和寄生虫。平时巡塘要注意观察小鱼数量,如发现数量不足,应适当追加投喂。从 3 月份起,每 2~3 天定时冲换水一次,定期冲水也是鳜鱼亲鱼培育的一个关键,每次 1 小时左右,冲水时进水和排水量要一致,以保证水质清新、溶氧充足,以提高鳜鱼的摄食率,刺激鳜鱼的性腺发育。经 50~60 天的培育即可进行催产。由于鳜鱼不耐低氧,在盛夏、初秋炎热季节,要常巡塘,防止鳜鱼缺氧死亡。尤其是在夜晚和黎明前,如发现缺氧,要立即开增氧机。因为鳜鱼亲鱼喜欢活水,所以水源充足的地方最好保持微流水。条件允许,如能结合对亲鱼池进行降水增温、注水保温、流水刺激的生态催熟方法,或利用热水资源培育亲鱼,科学合理地调控水温,促使其性腺发育更趋理想。

在家鱼亲鱼池中套养鳜鱼,可清除与家鱼亲鱼争食的野杂鱼。而且因为两种亲鱼的性发育基本上是同步的。这样又解决了鳜鱼苗种培育阶段配套饵料鱼的生产问题。

（四）后备亲鱼的套养

在家鱼亲鱼池内套养 4 厘米以上的夏花鳜鱼种,每亩 30 尾左右。鳜鱼完全靠捕食池中的野杂鱼生长,可不另外投饵料鱼。年底成活率可达80%,平均尾重 400 克左右,作为后备亲鱼。

（五）网箱培育

对鳜鱼亲鱼采用网箱培育是集约化培育的一种方式。培育用网箱采用封闭式,规格 4 米×4 米×2 米,网盖离水面 20~30 厘米。放养密度根据亲鱼的体重而定:亲鱼重 0.75~1.0 千克时,每平方米放养 6~8 尾;

亲鱼重1.0~1.5千克时,每平方米放养3~5尾;亲鱼重1.5千克以上时,每平方米放养2尾。最好坚持每日投喂一次饵料鱼,投饵时间在上午9时进行,日投喂量为鳜鱼总体重的5%~10%,或者以鳜鱼吃饱而略有剩余为准。为节省劳力,也可将几天的活饵料采用一次投足的方法,但须在网箱承受力允许的范围内。日常管理应注意早晨特别是阴雨天多巡视,以防水体缺氧,造成亲鱼死亡。为了防止成熟的亲鳜在微流水刺激下于网箱内自行产卵,临近繁殖季节时,必须将雌、雄分箱饲养。

▶ 第三节　人工催产

鳜鱼的人工繁殖方法与家鱼人工繁殖方法基本相同,需要注射外源激素催情后,放入环道池中流水刺激,让其自动产卵、受精和孵化鱼苗(图4-1);也可以放入产卵池自动产卵,然后把受精卵收集分放到环道池孵化。有家鱼人工繁殖设施的鱼苗场,在鳜鱼苗销售有把握、同时能繁殖大批家鱼苗作鳜鱼苗饲料的情况下,都可以利用这些设施,进行鳜鱼人工繁殖。

图4-1　孵化环道

一 催产准备工作

鳜鱼繁殖生产的季节性非常强,时间短而集中,因此,在鳜鱼催产前

做好各项必备的准备工作,把握最好的时机在最适宜的季节进行人工催产,是鳜鱼人工繁殖取得成功的关键。这些准备工作主要有以下几点。

(1)人工繁殖前应对产卵池、孵化环道(缸)、水泵、管道、进水口、过滤设施等各繁育设备进行必要的检查,并进行一次试运转,发现问题及时修理。

(2)催产药物的购买、制备,要及时备足人工催产用激素等催产剂。

(3)预先做好繁育用水的准备与处理工作,最好建两个蓄水池,确保繁殖用水安全、可靠。

(4)制订繁殖计划,做好饵料鱼繁殖、供应事宜,确保鳜鱼苗开口时就有充足、适口的饵料鱼供应。

(5)经常检查亲鱼的成熟度,及时开展繁殖工作。

(6)其他的准备工作,主要有鱼篓、网等的修补;用于消毒净化水质,防止鱼卵、苗发病的药物也应准备到位,并注意其有效期。

二 催产时间

在人工培育的条件下,由于环境条件适宜,饵料充足,长江流域在4月末卵巢就发育至Ⅳ期。因此,从解决好鳜鱼苗的开口饵料考虑,以4月中旬至5月初,当水温稳定在21～23℃时,催产较为理想,等到5月下旬家鱼人工繁殖基本结束后催产,由于鳜鱼经常受到拉网惊扰,性腺容易退化,此时催产,往往会导致失败。此时华北地区雌鳜的性腺成熟系数较小,故一般都选择5月中、下旬进行人工催产,其效果较好。

加温培育的鳜鱼催产与常规催产时间不同,温室内的鳜鱼亲本是经逐步升温强化培育的,一般在3月底至4月初达到性成熟,此时即可进行催产。

三 催产亲鱼的选择

成熟的雌鱼腹部膨大柔软,腹部向上时卵巢轮廓明显,生殖孔和肛门红肿且凸出。用挖卵器缓慢插入生殖孔,挖出少许卵粒,用透明液浸

泡2～3分钟后,可清楚地看到白色的卵核。如有的卵核已偏位,则表明性腺发育到Ⅳ期中至Ⅳ期末,此时催产,可获得较高的催产率。

四 注射催产剂

1. 催产剂的种类

准确掌握催产剂的注射种类和数量,既能促使亲鱼顺利产卵和排精,又能使性腺发育较差的亲鱼在较短时间内发育成熟。生产实践表明,一般用于鱼类的催产剂均可用于鳜鱼亲鱼的人工催产(图4-2)。

图4-2 鳜鱼亲鱼注射催产剂

催产剂种类有:鱼类脑垂体(PG)、促黄体生成激素释放素(LRH)类似物、鱼用绒毛膜促性腺激素(HCG)、马来酸地欧酮(DOM)、利舍平(RES)等。以鱼类脑垂体(PG)和绒毛膜促性腺激素(HCG)及释放素的类似物(LRH-A)混合使用,效果较好。

在这些催产剂中,常用的促黄体生成激素释放素(LRH)类似物和鱼用绒毛膜促性腺激素(HCG)都是白色晶体,在使用时用少量的蒸馏水或0.7%的生理盐水(氯化钠溶液)充分溶解后备用。马来酸地欧酮(DOM)在使用之前加适量的灭菌生理盐水,在研钵内研磨成悬浮液备用,混合后最好在0.5～1小时内注射完毕;鱼类脑垂体(PG),通常是装在棕色玻璃瓶中,再用丙酮浸泡保存,在使用时将鱼类脑垂体(PG)取出,并用滤纸吸干液体,在自然状态下放置10～15分钟,然后用研钵仔细研碎后,再用

蒸馏水或0.7%生理盐水制成悬浊液,要注意的是PG要随配随用,不要配制好存放太久,否则就会失去效用。

2. 催产剂的注射次数与参考剂量

鳜鱼催产剂的注射次数一般采用二次注射法的催产效果较好,如鱼的成熟度较好可采用一次注射法。催产早期成熟度差的鳜鱼,也可考虑采取3次注射法,提前7～10天打第一针(剂量是总剂量的2%～5%),其催产剂必须是鱼类脑垂体(PG)或促黄体生成激素释放素(LRH),这样能起到良好的催熟作用,能提高催产率,效果稳定。

(1)一次注射

若单用鱼类脑垂体,则雌鱼注射量为14～16毫克/千克;绒毛膜促性腺激素和脑垂体混用,雌鱼注射量为脑垂体2毫克/千克加绒毛膜促性腺激素3～6毫克/千克。如果用促黄体生成激素释放素类似物,注射剂量随鱼的大小而不同,体重3千克以上的雌鱼注射量为150微克/千克;体重1～2千克的雌鱼注射量为200微克/千克;体重1千克以下的雌鱼注射量为400微克/千克。目前在生产上更多的是采用两种或两种以上的催产剂混合注射的方法,参考剂量有PG、HCG、LRH-A三种混合激素按每千克雌鳜鱼2毫克PG、800国际单位HCG、50～100微克LRH-A;DOM、LRH-A按每千克雌鳜鱼5毫克DOM、100微克LRH-A;HCG、LRH-A的混合剂量按每千克雌鳜鱼100国际单位HCG+微克LRH-A50;PG、HCG按每千克雌鳜鱼1.5～2毫克PG、1000国际单位HCG;PG、LRH-A按每千克雌鳜鱼10毫克PG、300微克LRH-A。在温度较低或亲鱼成熟度稍差时,剂量可适当增高,反之可适当降低。雄鱼注射剂量为上述雌鱼剂量的一半。

(2)两次注射

两次注射一般使用脑垂体的效果较好。第一针剂量,雌鱼每千克为0.8～1.6毫克,雄鱼减半。第二针剂量,雌鱼每千克为10～15毫克,雄鱼减半。第一次注射与第二次注射相隔时间一般为8～10小时,水温较低时,相隔时间可适当延长。

3. 注射方法

一般采用体腔注射(腹腔注射),在胸鳍基部无鳍的凹入部,将针头朝鱼的头部方向与体轴成45°,刺入体腔,缓缓注入液体。也可以采用在背鳍基部附近肌内注射。在注射催产剂的时候一定要注意安全,由于鳜鱼的鱼鳍锐利且坚硬,捉鳜鱼时,要用拇指和食指捏住鳜鱼的吻端下颌骨处将鱼提起,再用纱布和毛巾把鱼包住,留出注射部位即可注射。此法操作不仅不伤鱼,还能保证注射人员不被鱼鳍刺伤。

4. 效应时间

效应时间是指鳜鱼亲鱼注射催产剂之后(末次注射后)到开始发情产卵所需要的时间。效应时间的长短与催产剂的种类、水温、注射次数、针距、亲鱼年龄、性腺成熟度、水质条件以及产卵的环境条件等有密切关系,其中最重要的因素为水温和注射次数。

采用一次注射,水温18～19℃时,效应时间为38～40小时;水温在24～27℃时,效应时间为23～28小时;当水温32～33℃时,效应时间为22～24小时。采用二次注射,当水温在20.2～26.0℃时,效应时间为16～20小时;水温在23.4～27.8℃,效应时间为9～11小时;水温在27～31℃,效应时间为6～8小时。

由此可见,水温与效应时间呈负相关,即水温低,效应时间长;水温高,效应时间则短。一般情况下,水温每差1℃,效应时间一般要增减2～4小时。

效应时间与水流也有一定的关系,水流在15～20厘米/秒时效果较好,这就是为什么我们在做鳜鱼的人工繁殖时,要经常向产卵池里进行冲水刺激,其目的就是促进亲鱼发情产卵。

（五） 产卵与受精

受精方法视生产规模大小和亲鱼是否充足而定,目前用于鳜鱼培育方面主要有自然产卵、受精和人工采卵、授精两种方法。

1. 自然产卵、受精

鳜鱼属分批产卵类型,自然产卵、受精方法可减少工作程序,对亲鱼的损伤小,适合于大规模繁殖,但受精率没有人工授精的高。

(1)产卵池

产卵池可以利用家鱼产卵池,保持微流水,水位维持在50~60厘米深,在产卵池中吊放经过开水煮沸消毒的棕片或其他经过消毒的鱼巢。当达到效应时间时,雌雄鱼在棕片附近互相追逐、产卵。卵是产在棕片上,但在微水流的条件下,几乎全部掉入池中,只有极少部分会粘在棕片上。

(2)配组

在繁殖季节,成熟的亲鱼注射催产剂后,可进行科学配组,然后放到产卵池中自行交配产卵。一般雄鱼应略多于雌鱼,雌雄比例为1∶(1~1.5),亲鱼密度为2~4千克/米²。

(3)发情

鳜鱼亲鱼在催产剂的作用下,加上受到定时冲水刺激,经过一段时间,就会出现兴奋的现象,这就是发情。发情初期,几尾亲鱼集聚紧靠在一起,并溯水游动,雌鱼在前、雄鱼在后;而后,雄鱼追逐雌鱼,并用身体(主要是头部)剧烈摩擦雌鱼腹部,从而达到发情高峰期。

(4)产卵受精

鳜鱼产卵适温为25~31℃。当鳜鱼亲鱼到达发情高潮时,游动速度加快,雄鱼紧追不舍。当雌鱼与雄鱼出现并行,尾部突然翻起水花,此时雌鱼产卵,同时雄鱼射精,卵子与精子结合成受精卵,就完成了一次产卵活动。由于鳜鱼亲鱼个体大小不一,亲鱼的性腺成熟度也不一样,所以产卵开始的时间有早有晚,产卵持续时间比较长,需6~8小时,在这段时间内不要急于收卵。

在微流水情况下,亲鱼产的卵都沉到水底,亲鱼产完卵安静以后,将亲鱼从产卵池捞出,加大水流,将卵冲起,随水流流出产卵池,进入收卵网箱,立即转入孵化设施中。

2. 人工采卵、授精

所谓人工授精，就是通过人为的干预措施，促使精子和卵子在很短的时间内混合在一起，从而完成受精的方法。在缺少雄鱼时，可采用人工授精方法，但需把握适宜的授精时间，否则会降低受精率。人工授精的核心是保证卵子和精子的质量，因此，在人工授精时，要根据亲鱼的动态、水温等条件，准确掌握采卵、采精的时机，保证卵子和精子能在最短的时间内完成授精，这是人工授精成败的关键。

在效应时间快到来时，要加强对鳜鱼亲鱼的观察，当发现亲鱼发情即将产卵但还未达到高潮时（即鳜鱼发情之后15分钟），立即拉网排捞出亲鱼检查。将雌鱼腹部朝上，用手轻压雌鱼腹部，如果发现卵子能自动流出，说明亲鱼可以产卵了。这时一人用手轻轻压住生殖孔，将鱼提出水面，擦去鱼体水分，然后松开手，配合另一人将卵挤入擦干的脸盆中。刚挤出的鳜鱼卵子颜色就像生鸡蛋黄一样，呈半黏性。这时再立即用同样的方法向脸盆内挤入雄鱼精液，用手或羽毛轻轻不间断地搅拌1~2分钟，使精液、卵子充分混合，就完成了授精。然后徐徐加入少量清水，再轻轻地不间断地搅拌1~2分钟。将脸盆放在阴凉的地方静置1分钟左右，倒去污水，然后再加少量清水，搅拌静置后，再倒去污水，这个过程就是洗卵。就这样重复用清水洗卵2~3次，就可以移入孵化器中进行孵化。

为了保证精子和卵子的存活质量，并确保授精的顺利完成，在进行人工授精过程中，操作人员要配合协调，做到动作轻、快，减少人为损伤，同时应避免精子、卵子受阳光直射，否则会造成受精卵的孵化率下降或鱼苗的畸形率较高。另外，如果操作动作过于简单粗暴，易造成亲鱼受伤，引起产后亲鱼的死亡。

自然受精与人工授精，相比较起来，这两种方法各有优缺点。

自然受精的优点有三方面：一是在自然环境下，适应卵子成熟过程，受精率较高；二是一个产卵池里群体鱼的产卵时间并不完全一致时，可以自然调节；三是少了人工操作，可以减少亲鱼受伤的机会。当然它也

有一定的缺点,一是在自然受精的条件下,为了保证受精的顺利进行,需要的辅助设备较多,因此受自然条件限制也较大;二是在雄鱼较少时,卵子受精没有保证,导致部分成熟的卵子浪费。

人工授精的优点,主要体现在以下几个方面:一是在人工条件下,人为控制能力较强,因此需要的设备简单,受自然条件的限制较小;二是在亲鱼受伤和水温偏高条件下也可以通过一定的技术手段得到部分受精卵,保证繁殖工作的持续进行;三是在人工授精的技术操作下,即使在雄鱼少的情况下,也能保证对精子的需求,一尾雄鱼的精子可供应两尾甚至更多尾雌鱼,因此可使卵子受精有保证。人工授精成功的把握大,适合于小规模生产。

人工授精的缺点:一是在人工操作条件下,频繁地捕鱼、捉鱼,造成亲鱼受伤机会较多;二是由于卵子需要人工采集,有时受到水温、气候异常等条件的影响,造成掌握适当的采卵时间比较难,有时会因部分亲鱼卵子过熟而受精率低;三是在亲鱼培育时不可能是一尾鱼一个池子,一般都是多尾亲鱼在一起,鱼的体质、个体、性腺发育水平不同,它们的排卵时间并不可能完全一致,捕捞其中的一尾亲鱼采卵时也会影响其他亲鱼发情排卵,甚至造成个别亲鱼的流产。

在生产实践中,可将自然产卵和人工授精结合起来,当自然产卵完成后,将亲鱼捕起来,对未产卵或未产尽卵的亲鱼进行人工采卵授精。

3. 集卵与计数

鳜鱼的卵壁较厚,在微流水的条件下,不会影响受精卵的胚胎发育,因此要等那些个体小、成熟度较差的亲鱼产完卵后才收卵,这样对提高亲鱼的催产率有利。在集卵时,可一面排水,一面不断冲水,使卵流入集卵箱内,分批收集取出鱼卵,并经漂洗处理,除去破卵、空卵、杂物后,随即移放到孵化容器内孵化。收卵工作要及时而快速,以免大量鱼卵积压池底(或集卵箱底)时间过长而窒息死亡。鱼卵收集完毕后,可捕出亲鱼回塘。

鳜鱼卵是黄色半浮性卵,卵径的大小与鳜鱼大小存在正相关。排卵

时的卵径为 0.6～1.1 毫米,吸水后为 1.3～2.2 毫米。卵黄端位,卵裂方式为盘状卵裂,当水温 20.2～22.4℃时,受精卵经 6 小时 40 分钟完成卵裂;经 44 小时可见心脏有规律地搏动,胚体在卵膜内上下翻滚;经 56 小时胚体出膜。鳜鱼胚胎发育速度较家鱼慢 12～17 小时。为防止在孵化过程中发生水霉病,在孵化环道静水中添加 20 毫克/升的复方甲霜灵粉,出苗率明显提高,该药对刚出膜的鱼苗不会致死。

如果没有产卵池,也可将注射催产剂后的亲鱼放入筛绢网箱内,经过一段时间,亲鱼能自行发情、产卵。待亲鱼产完卵后,就可将亲鱼捕起搬走,再将箱内的鱼卵集中起来,舀入面盆或其他器皿内,移到孵化器中孵化。

鱼卵质量的优劣,用肉眼可判别。鱼卵的色彩鲜明,具有光泽,吸水膨胀快,卵球饱满,卵膜韧性大、弹性强的,都是成熟好的卵。反之是质量差的或欠熟、过熟的卵,受精率低,即使已受精,孵化率也非常低,且畸形胚胎多。

对鳜鱼的鱼卵进行准确计数是比较重要的,一方面可以帮助制订饵料鱼准确的生产量和供应量,另一方面也可以准确统计出受精卵的孵化率、出苗率,便于计划销售。一般可用量杯或瓷碗等量得所产卵的总体积来计算。未吸水前每毫升鳜鱼卵为 587 粒,卵径为 1.1～1.2 毫米;吸水后每毫升卵为 134 粒,卵径为 2.0～2.4 毫米。

（六）产后亲鱼护理

亲鱼产卵后的护理是生产中需要引起重视的工作。因为在催产过程中,常常会引起亲鱼受伤,如不加以护理,将会造成亲鱼的死亡。

亲鱼受伤的原因主要是:捕捞亲鱼网的网目过大、网线太粗糙,使亲鱼鳍条撕裂,擦伤鱼体;捕鱼操作时不细心、不协调易造成亲鱼跳跃撞伤、擦伤;产卵池中亲鱼跳跃撞伤;在产卵池中捕亲鱼时不注意使网离开池壁,鱼体撞在池壁上受伤等。因此,催产中必须操作细心,注意避免亲鱼受伤。如亲鱼已受伤,则必须加强护理。

把产后过度疲劳的亲鱼放入水质清新的池塘里,让其充分休息,并精养细喂,使它们迅速恢复体质,增强对病菌的抵抗力。为了防止亲鱼伤口感染,可对产后亲鱼加强防病管理,进行伤口涂药和注射抗菌药物。

亲鱼皮肤轻度外伤,可选用以下药品涂擦伤口:高锰酸钾溶液、青霉素药膏等,以防伤口溃烂和长水霉。

亲鱼受伤严重者,除了涂消炎药物外,可注射10%磺胺噻唑钠,5~8千克体重的亲鱼注射1毫升(内含0.2克药),或每千克体重注射青霉素(兽用)10000国际单位。

进行人工授精的亲鱼,一般受伤较为严重,务必伤口涂药和注射抗菌药物并用,减少产后亲鱼的死亡。

▶ 第四节　人工孵化

孵化是将鳜鱼受精卵放入孵化工具内,并根据鳜鱼胚胎发育的特点,因地制宜地创造有利条件,在人为的条件下使鱼卵变成鱼苗的过程。孵化工作是人工繁殖的最后一个环节,必须根据受精卵胚胎发育的生理生态特点,创造适宜的孵化条件和进行细致的管理工作,使胚胎正常发育,以提高孵化率和鱼苗成活率。

一　鳜鱼的胚胎发育

鳜鱼卵是无黏性的半浮性卵,具有较大的油球,在流水中呈半漂浮状态,而在静水环境中则往往沉于水底。其卵径1.1~1.2毫米,吸水膨胀后2毫米左右,卵膜厚,不大透明。当水温在21~24℃时,受精卵经70小时左右可以孵出鱼苗,刚孵出的鱼苗全长3.6~4.5毫米,个体通常比家鱼苗小。经50~60小时的培育后,体长即达4~5毫米,心动次数平均为3次/秒,全身前半部呈深紫红色,后半部透明无色,在水中只见一个紫红色点。头大,吻尖。上、下颚已出现牙齿,鱼苗已能在水中作水平方向的前

进游动。此时的鳜鱼苗开始摄食,即进入夏花培育阶段。

二 孵化条件

鳜鱼受精卵可利用家鱼人工繁殖所使用的孵化环道(图4-1)、孵化缸、孵化器,还可用密网箱孵化。其受精卵与家鱼卵比较体积小,比重大,容易沉入水底而造成窒息死亡。因此,水流、溶氧量和水温是主要条件。水流的作用有三个方面:一能保持卵悬浮在水体中、上层,不致下沉;二是输入的新鲜水含有丰富的溶解氧;三是随水带走鱼卵排出的二氧化碳等废气。所以保持孵化环道(缸)中水流正常至关重要。鳜鱼胚胎正常要求水中溶氧量在6毫克/升以上,因此要求水流比四大家鱼卵孵化时的速度要相应快一些,一般流速要求达到25～30厘米/秒,以保持鱼卵不下沉堆积,尤其是在鱼苗将孵出至孵出期间掌握好流速、流量,必要时可以采取人工搅动的方法,可有效防止鱼卵沉积或鱼苗聚集,从而提高孵化率。水质清新、酸碱度适中也是孵化用水的必要条件。另外,水体中不能含有大型蚤类、小虾、水生昆虫、蝌蚪等。故孵化用水必须通过筛过滤,网目规格90～100目。如条件具备,孵化用水最好通过二级处理(沉淀、沙过滤)后方可进入孵化设施,以利提高孵化效果。

三 孵化密度

利用环道孵化鳜鱼苗,每立方米水体可孵化受精卵5万～10万粒。用孵化缸或孵化器孵化鳜鱼苗,每立方米水体孵化受精卵10万～20万粒。用网箱孵化,密度为每立方米水体3万～5万粒。

四 孵化时间

正常的胚胎发育所经历时间的长短,与水温和溶氧量的高低有关。水温对孵化时间影响甚大。水温在23.5～25.5℃时,从受精至孵化出膜时间需40～52小时;水温在26～28℃时,孵化时间需32～38小时;水温在28～30℃时需30小时左右。孵化的最适水温是22～29℃。在适宜的

温度范围内,温度越高,孵化时间越短,反之则长。水温保持在最佳范围,可以缩短孵化时间和提高孵化率。

另外,水质对孵化出膜时间也有影响。水质良好,溶氧量高,孵化时间较短;反之,孵化出膜时间延长。某些有固膜作用的药物,如高锰酸钾,可推迟鳜鱼苗出膜。在良好的水质条件下,孵化率为70%～90%。

五)孵化管理

在鳜鱼卵孵化过程中,应加强日常管理,必须做到以下几点。

1. 机电配套,防止停水

孵化期间,专人值班,以防停水停电。如停水,鱼卵就会下沉,堆积水底,导致底层缺氧,水质变坏,造成鳜鱼卵的死亡。一般情况下,机电设备均配备两套,以防不测。

2. 控制水流

孵化时,应有较大的水流。一般可控制在20～30厘米/秒,使卵保持在中、上层,脱膜期水流可适当加大,以便清除油污、卵膜等。但当鱼苗出膜后应减小水流,让鱼苗自由游动,防止跑苗等。

3. 经常清洗筛绢

尤其是在脱膜高峰期,更应防止卵膜等堵塞网孔,造成水流不畅,使水质变坏。

4. 做好病害防治

在鳜鱼苗孵化过程中,孵化用水中如果含有大量剑水蚤,就会直接伤害受精卵和出膜仔鱼,还会导致受精卵缺氧或使鱼卵受损而感染水霉病进而影响孵化率。为预防剑水蚤、车轮虫和水霉病的危害,孵化期间应及时用药灭菌、杀虫,防止病害的侵袭。

5. 做好日常记录

孵化管理人员应做好日常各项记录,以便总结经验教训,不断提高技术,改进工作。

第五章 鳜鱼苗种培育

苗种培育是鱼类养殖中影响鱼类品质以及成活率的重要因素。鳜鱼苗种培育可以分为两个阶段,第一个是把刚从受精卵中孵化的鳜鱼苗经过20～30天的培育,达到3厘米左右规格的夏花培育阶段;第二个是将2～3厘米的鳜鱼夏花养殖至冬片、春片(体长6～10厘米)的鱼种培育阶段。

▶ 第一节 苗种生物学特性

鳜鱼苗的生物学特性相对于成鱼差异较大,要根据其不同的发育阶段选择科学合理的管理措施。鳜鱼受精卵孵化的鳜鱼苗培育至夏花时期根据其消化器官形态和营养来源变化可分为内源性营养阶段、混合营养阶段和外营养阶段。

一 内源性营养阶段

内源性营养阶段指鳜鱼苗出膜后到吃食前的时期,该阶段鱼苗的消化器官发育不完整,口腔初步形成,口裂约0.7毫米,但不能主动摄食,仅靠自身营养物质(卵黄与油球)维持生长发育。无颌齿与咽齿,肠胃未分化呈直管状,前部直径比后部稍粗。胰脏、胆囊初步形成,肠道静脉、尾静脉、背部大动脉血流开始出现,视觉基本发育完善能够对光有反应和分辨能力。

二 混合营养阶段

混合营养阶段指鳜鱼苗开始吃食后到幽门垂出现前的时期,该阶段鱼苗开始主动摄食,但一周内同时会消耗卵黄囊与油球中营养物质,鱼苗生长迅速。鱼苗口裂变大至1.4毫米左右,鳃条骨与颊部间有皮膜,颌骨、齿骨及鳃盖骨间的可活动关节形成的大咽腔利于吞咽大于自身的鱼苗。消化系统逐步发育完善,食管与肠胃出现明显分化,胃部变大,消化道变长,胆囊内出现胆汁,消化器官能够吞食消化活鱼苗。

三 外营养阶段

外营养阶段指鱼苗出现幽门垂(幽门盲囊),鳍条与鳍棘分化,内源营养物质被消耗完毕并靠摄食活鱼苗生存的时期。该阶段鱼苗消化器官发育完善,胃进一步变大呈"T"形,幽门垂作为辅助消化器官数量显著上升约300条,呈树枝形盲囊极大地增加了肠内吸收面积,肠系膜有脂肪堆积,胆囊充满胆汁,胰脏呈暗红色,至此消化器官结构和功能与成鱼基本一致。

鳜鱼苗通常出膜4天后就可以主动摄食饵料鱼苗,如果开始摄食2天仍未摄食到饵料鱼苗,鳜鱼苗的活动能力会显著降低,然后浮至水体上层,无主动捕食饵料鱼苗能力,逐渐死亡,这一过程是鱼苗发育的"临界期"。鳜鱼苗不会主动摄食浮游动物等非鱼苗饵料以及死亡的、体质与活力较差的饵料鱼苗。此外,鳜鱼苗在极度饥饿的状态下会出现互相残杀的情况。

▶ 第二节 苗种培育方式

鳜鱼不同于其他淡水鱼类,鱼苗在培育过程中开口饵料就需要投喂活鱼苗,成本昂贵,技术要求高。尽管目前有少量驯化后的饲料鳜鱼可

以使用生物饵料作为开口饵料,从而实现鳜鱼的全饲料养殖,但是活鱼苗仍是鳜鱼苗培育的主要开口饵料。鳜鱼苗体形小、口裂小,鱼苗摄食比较难,并且对于生存环境变化及病原体的抵抗力较差,十分容易死亡。随着鳜鱼苗培育技术的不断发展与进步,培育方法更加科学,也更加多样化,生产过程中使用的工厂化育苗在人工控制条件下存活率和培育规模也显著提高。在生产上主要有静水培育、流水培育,具体培育方法要根据养殖地环境和成本投入进行选择。

一　静水培育

静水培育通常指在小型土池、小池塘、网箱以及水泥池进行苗种培育。在鳜鱼生产上一般选择水泥池进行苗种培育,池面积40平方米左右,水深1米左右。每平方米放养鱼苗800尾左右,尽可能使一个水池中的苗种规格一致,放养前池子须进行彻底清理消毒,每隔两天进行一次换水,平时使用气泵进行水体充氧,按照日摄食量投喂饵料鱼苗,饵料鱼苗体长为鳜鱼的70%左右,通常饵料鱼苗与鳜鱼苗的比例为4∶1。当鱼苗生长至1.5厘米左右时,为了获得更好的培育效果可以将鱼苗转移至网箱或者池塘继续培育。

使用小型土池塘培育鳜鱼苗种时,池塘2~3亩,水深1米左右,要有优质充足的水源,放苗前要对池塘进行彻底的清塘消毒,每平方米放养鱼苗200尾左右,根据生长的具体情况投喂合适的饵料鱼苗对于提高鳜鱼苗存活率具有重要作用。刚出膜3~5天的鳜鱼苗可投喂同日龄的鳊鱼、鲂鱼苗,培育6~8天的鳜鱼苗可投喂3~5日龄的四大家鱼鱼苗,培育9~15天的鳜鱼苗可投喂1厘米左右的饵料鱼苗。使用池塘培育苗种时日常管理较常规养殖需要进一步加强,鳜鱼饵料为活鱼苗,如果饵料鱼苗出现死亡鳜鱼通常不会摄食从而使水体出现污染、发臭,使病菌迅速繁殖,导致鳜鱼苗染病,因此要勤换水并做好疾病防控措施。此外,要给鳜鱼苗提供充足的适口饵料鱼苗,防止鳜鱼苗在饥饿状态下出现自相残杀的现象。

网箱育苗是一种比较理想的育苗方法,相比于传统的土池和水泥池育种能够保证养殖水体水质清新以及充足的饵料,但是网箱育苗不能投喂刚脱膜的饵料鱼,并且需要定期更换网箱,管理难度大,操作复杂。通常网箱培育一般采用三级网箱育苗法:一级箱使用40目的纱绢或乙纶网片缝制,长2~3米,宽1米,高1米,该网箱培育刚孵出的鳜鱼苗,每立方米4000尾左右;二级网箱用30目的纱绢或乙纶网片缝制,长3~5米,宽1米,高1米,该网箱培育1.5厘米左右的鱼苗,每立方米2000尾左右;三级网箱用网目0.5厘米乙纶网片缝制,长5~10米,宽1米,高1米,该网箱培育3厘米左右的鱼苗,每立方米1000尾左右。网箱配套面积比例为1:10:20。

二 流水培育

流水培育指孵化环道或孵化桶培育苗种(图5-1)。流水培育的优点是水体交换量大、水质好、溶氧高,操作简单。孵化环道(桶)是一种可以提供类似天然生态环境的养殖设施,通过不断的水体流动使鱼卵及鱼苗一直呈活动状态。孵化环道(桶)不仅给鳜鱼苗提供了合适的生存环境,还可以给鳜鱼苗提供合适开口的饵料(刚脱膜的饵料鱼苗),同时极大地降低了死亡鱼苗导致的水体污染风险。孵化环道(桶)培育鱼苗时每立方米放养1万~2万尾鱼苗,当鱼苗体形逐渐变大后对放养密度进行稀释,并提高饵料鱼苗的规格以满足鳜鱼苗生长需求。孵化环道(桶)也存在易积污的缺陷,因此日常管理过程中应当定期对鱼苗转换环道(桶)并及时消毒清理,尽量选择天气晴朗的上午进行转换。

图5-1 孵化环道鳜鱼苗流水培育

合适的饵料鱼苗是鳜鱼苗种培育过程中影响成活率的重要因素。在鳜鱼的实际养殖生产中每1万尾鳜鱼苗需要准备180万尾左右不同规格的饵料鱼苗,因此对于不同规格饵料鱼苗所需的具体数量和时间要做好初步估算,充分保障鳜鱼苗种不同阶段的生长需求。鳜鱼苗的开口饵料鱼苗选择刚出膜的团头鲂鱼苗最佳,并且要确保饵料鱼苗的出膜时间与鳜鱼苗开口摄食的时间基本一致。饵料鱼苗出膜时间过长其活动能力变强,鳜鱼苗难以捕食;出膜过晚会导致鳜鱼苗无法及时获得开口饵料从而活力下降甚至死亡。

在鳜鱼苗开口摄食时准备3倍左右的饵料鱼苗,由于鳜鱼苗出膜时间可能有所差异,分2~3次投喂饵料鱼苗以保障所有鳜鱼苗的开口摄食,防止鳜鱼苗出现自相残杀,这对于提高鳜鱼苗种存活率具有重要意义。鳜鱼开口摄食5天后选择怀卵量大、出苗率高的四大家鱼进行催产获取饵料鱼苗,从而降低成本。一般情况下,每尾鳜鱼开始摄食时,1~2日龄,日摄食量2~3尾;2~4日龄,日摄食量4~12尾;5~8日龄,日摄食量10~12尾;8~12日龄,日摄食量12~16尾;12~15日龄,日摄食量16~20尾。鳜鱼苗在开口期后对饵料鱼苗无特殊要求,只要适口即可。随着鳜鱼苗的生长发育,投喂饵料鱼苗的规格也要逐步变大,投喂量也要提高。开口摄食7日后,鳜鱼苗体长在0.8厘米左右,投喂老身、嫩身的饵料鱼苗都可满足生长需求;15日龄时,鳜鱼苗体长在1.5厘米左右,投喂1~2厘米的饵料鱼苗;20日龄时,鳜鱼苗体长在2厘米左右,投喂1~2厘米的饵料鱼苗;30日龄时,鳜鱼苗体长在3厘米左右,投喂1.5~2厘米的饵料鱼苗。鳜鱼苗由于个体差异或者出膜时间差异,在一周后鳜鱼苗的体型会逐渐出现明显差异,在养殖过程中要多检查鱼苗的生长情况,根据鱼苗实际生长大小选择投喂合适规格的饵料鱼苗。适当投喂一些

小规格鱼苗满足生长缓慢的鳜鱼苗的需求,防止鳜鱼苗体形差异进一步增大。

第四节　苗种放养

一　苗种选择

　　鳜鱼苗种本身体质优劣对于养殖成活率和产量有着重要影响。在鳜鱼生产过程中选择优质的苗种是养殖的关键步骤,如果所选苗种体质差、带有致病菌导致鱼病暴发均有可能导致苗种的大量死亡,造成巨大损失。在苗种繁育时鳜鱼亲本的选择会影响苗种的体质,因此在购买鳜鱼苗种时应当从良种场选择体型均

图5-2　鳜鱼苗种

一、健康、活力强、反应灵敏的鳜鱼苗种(图5-2)。

二　放苗时间

　　在饵料鱼苗放入池塘7天后,鱼苗长度达到1厘米左右,可向池塘投放1.5～2厘米鳜鱼苗。分批投放饵料鱼保证不同规格的鳜鱼苗都能摄食饵料。鳜鱼苗种投放前需使用3%～5%的食盐水浸泡10分钟,下塘时全塘泼洒一次葡萄糖降低鱼苗的应激反应。

三　放苗密度

　　鳜鱼苗种培育时不能为了追求产量盲目地采用高密度养殖,需要将

放养密度控制在合理的范围。养殖密度过大会导致鱼苗摄食不均匀,个体生长速度差异较大。在标粗阶段密度最佳为每亩投放4万~5万尾2厘米左右的鱼苗,同时还需投放40万~50万尾的饵料鱼苗满足鳜鱼苗生长需求。

▶ 第五节　育苗管理

鳜鱼苗种培育技术要求高,在日常养殖过程中要加强管理。

一　消毒清塘

鳜鱼苗种培育对于水质要求较高,因此在放苗前要做好对养殖水体的消毒工作,彻底清除敌害以及致病病原体。一般生产中使用生石灰和茶饼进行清塘消毒,以1米深水体为例,每亩投放15千克茶饼(先用水浸泡2小时左右),然后与120千克生石灰溶化于水后混合均匀,全塘泼洒,也可单独使用茶饼,每亩投放20千克茶饼。如果使用网箱培育,在放置网箱前也应当对池塘水体进行消毒,要经常检查进水口网闸防止敌害进入池塘内,要保证水源的清新、无病原体。

二　水质管理

水质清新、溶氧充足的流水环境是鳜鱼最适宜的生长环境。通常鳜鱼在苗种培育过程中养殖密度比较大,同时要投喂大量的饵料鱼苗,导致水体中鱼苗粪便以及残饵死鱼较多,水质易恶化,水体缺氧。因此,在鳜鱼养殖过程中保持流水的环境进行水体交换,水体溶氧维持在5毫克/升以上,及时清理鱼苗排泄物和残饵死鱼,对于保持优质的养殖水环境具有重要作用。在池塘静水培育环境下,坚持早、中、晚巡塘,观察鳜鱼活动、摄食情况,检测水体溶氧、pH、亚硝酸盐浓度等数据。水体溶氧较低时及时开启增氧设备进行增氧;鳜鱼对于酸性水质比较敏感,需要定

期施用生石灰调节水体pH;鳜鱼养殖需要摄食活鱼,鳜鱼苗和饵料鱼苗均会向水体排泄粪便,导致水体中的氨氮、亚硝酸盐等有毒物质超标,定期向水体泼洒微生态制剂,水体氨氮浓度要控制在1.0毫克/升。使用网箱培育时要定期检查网箱网孔上附着物,如果网孔被堵住会影响网箱内外水体的交换,导致水质恶化,鱼苗死亡。因此要定期对网箱进行清洗(宜每半个月清理一次),清洗过于频繁会影响鳜鱼正常生活不利于生长。

三）分疏培育

鳜鱼苗种培育过程中需要投喂大量的饵料鱼苗,需要将放养密度控制在合理的范围。养殖密度过大会导致鱼苗摄食不均匀,个体生长速度差异较大,当鳜鱼苗无法获取足够的饵料鱼苗时会导致其自相残杀,影响苗种存活率。因此,在苗种培育期间要及时分级分疏培育,每隔10天左右进行一次分疏,将体形较大鳜鱼苗转移到新的培育池继续养殖,防止苗种发育不均匀,体形差异过大。

四）病害防控

鳜鱼苗在刚开始摄食时活动能力较差,个体较小,对于水蜈蚣、水蚤等敌害的抵抗能力较差。因此,在苗种培育过程中培育池的进、排水口要设置过滤网,防止敌害生物进入威胁鳜鱼苗种生存。鳜鱼苗种培育过程中常见病害主要是水霉病与纤毛虫病,在水温20~30℃时这些病原体大量繁殖,鱼苗在感染后会出现大量死亡。因此,鳜鱼苗种培育期间要每天进行鱼苗检查,做好水质管理,定期泼洒微生态制剂,如发现鱼苗感染疾病应当立即采取相应的治疗措施。

五）并塘越冬

在秋末冬初鳜鱼苗要做好并塘越冬准备,当水温降至10℃左右时,选择晴天开始并塘。水温过低可能导致苗种被冻死;水温过高鱼苗活力

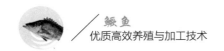
强,耗氧量大,易受伤。在准备并塘拉网前15天开始逐渐控制饵料鱼的投喂量,在拉网、运输苗种时操作要小心仔细,避免鱼苗受伤。同时拉网前准备好越冬池,面积3亩左右,水深2米以上,背风向阳。在并塘后要加强日常管理,在池中投喂适量的饵料鱼苗,水体溶氧较低时还需进行增氧。

第六章　鳜鱼养殖技术

鳜鱼因肉质鲜美、无肌间刺等特点,深受消费者青睐。由于鳜鱼天然资源少,产品供给主要通过人工养殖。随着市场对高品质水产品需求的增加和活饵料鱼生产问题的解决,鳜鱼养殖产业快速发展。2021年我国鳜鱼养殖总产量为37.7万吨,产值超过250亿元。当前鳜鱼养殖模式以套养为主、精养为辅。

目前在自然流域中生长的鳜鱼种类较多,有大眼鳜、翘嘴鳜、斑鳜、暗鳜、石鳜和波纹鳜等,最常见的是大眼鳜、翘嘴鳜。根据生产经验和实际效果来看,翘嘴鳜具有明显的生长优势,是第一优先品种。大眼鳜和翘嘴鳜主要区别在于眼的大小不同,大眼鳜眼大,占头长的1/4左右,很明显,因此许多渔民又称之为睁眼鳜;而翘嘴鳜的眼较小,仅占头部的1/6不到,因此渔民为了区别就称之为细眼鳜。从其他方面也能区别,例如大眼鳜背部较平,身体相对较修长;而翘嘴鳜的背部隆起,显得体较高而侧扁,身体呈菱形。

▶ 第一节　池塘鳜鱼精养

一　池塘条件

1. 池塘环境

鳜鱼养殖区位置需选择水源充足、无污染、进排水方便;土质非酸性,以壤土最好,黏土次之;养殖区内水、电、路设施齐全,利于鱼种、饵料

鱼、成鱼运输;附近应无工业企业,养殖环境安静的地方。

养殖池宜建为东西朝向(长宽比为5:3),水深1.5~2.5米,池底为锅底形、倾斜型(池底向排水口倾斜2°~3°)、龟背形的长方形池塘。成鱼标准化养殖池塘一般为10亩,最大不宜超过50亩,适宜面积为8~12亩;饵料鱼培育池可依地就势而建,其面积与成鱼养殖面积比为1:(3~4)。池塘进出水口安装滤网,按养成产量2500千克配置1台1.5千瓦增氧机,饵料鱼培育池另配置自动投饵机。

2. 消毒清杂

一般在冬季晴天,旧塘起捕后,将池水排干曝晒1周以上,待池底出现龟裂时,挖出多余淤泥来加固池埂,保持池塘淤泥厚度在10厘米以下。修整后,在鱼苗放养前30天,可使用生石灰、漂白粉、茶籽饼进行消毒清杂。

①生石灰消毒。池塘水深5~10厘米时,在池底四周和中间取多点挖成小坑。小坑数量,以能泼洒遍及全池为限。按每亩50~60千克的量将生石灰均匀放入各小坑中,逐一加水溶化成石灰浆水,趁热向四周全池均匀泼洒。经3~5天晒塘,灌入新水。若带水清塘,生石灰用量为每亩平均水深1米用125~150千克,水深2米,则生石灰用量加倍,以此类推。

②漂白粉消毒。池塘水深50~100厘米时,先在木桶或瓷盆内加水,按每亩10~15千克漂白粉的用量将其完全溶化,再全池均匀泼洒,3~5天即可注入新水。

③茶籽饼清杂。池塘水深100厘米时,每亩用茶籽饼25千克。将茶籽饼捣碎成小块,放入容器中加热水浸泡一夜后加水稀释,连渣带汁全池均匀泼洒。10天后,毒性基本上消失,可以投放鱼种进行养殖。

3. 肥水培菌

放苗前15~20天,清水经40~60目滤网注入池塘至80厘米深,泼洒硫代硫酸钠解除水中重金属离子毒性。肥水按主施腐熟有机粪肥150~250千克/亩,辅施生物鱼肥15~30千克/亩的用量泼洒,同时全池使用优

彩乐或腐殖酸钠遮光预防青苔。3天后依据水质指标情况,适时补充合适的菌种(光合菌、乳酸菌、芽孢杆菌等)。pH高,补充扩培乳酸菌液(pH 3~4);透明度低,补充芽孢杆菌;氨氮高,补充光合菌。其中,乳酸菌扩培液可通过将250克乳酸菌、20千克红糖、2.5千克饲料、300千克水混合密封发酵获得,乳酸菌扩培液在20天内用完效果最好。经过5天培菌后,池塘水质达到pH 7~8.5、溶氧≥5毫克/升、氨氮≤1毫克/升、亚硝酸盐≤0.15毫克/升、透明度在40~50厘米即可。

二 鱼种培育

鳜鱼养殖分为鱼苗培育、鱼种培育、商品鳜鱼养殖3个阶段。鱼苗培育阶段为出膜后3~20天,养成规格为3厘米夏花,本阶段由苗种场完成。鱼种培育阶段是把3厘米夏花培养成6~8厘米大规格鱼种,培育时间为7~15天,此阶段为鳜鱼养殖关键,多采用池塘套养培育方式。

依据场地生产容量合理规划鱼种培育量,优先选择3~6亩小塘口开展鱼种培育,每3亩安装一台1千瓦增氧机。池塘经过消毒清杂、肥水培菌后,按每亩70万尾左右量放养草鱼、麦鲮、团头鲂、白鲢的水花等饵料鱼,其体长不超过夏花体长的55%~60%。鳜鱼夏花按每亩0.8万~1万尾量放养,投放前将苗种袋放入池中浸泡10~15分钟进行水温平衡,待池、袋水温一致后,苗种放入10毫克/升高锰酸钾溶液,药浴浸泡5分钟后筛出缓慢倾入池塘。经过10~15天培育,鳜鱼达8~10厘米时拉网稀疏分塘养殖。

拉网稀疏分塘时需注意,拉网过程会导致池塘水质变化和返底现象,在此过程中鱼会出现严重应激,上网的鱼会出现机械损伤。拉网前观察池中饵料鱼存量,选择天气晴朗的早上,尽量一次性集中拉完池塘中鱼苗,避免留池鱼群因返底缺氧出现慢性中毒;分塘鱼苗及时使用2%~4%食盐水溶液浸洗10分钟后进入商品鳜养殖池。

三 成鱼养殖

1. 饵料鱼投放

鳜鱼是肉食性凶猛鱼类,终身以鱼、虾等活饵为食,不食死鱼。刚刚孵化出来的鳜鱼鱼苗,卵黄囊还没有完全消失前就开始摄食比较纤细的饵料鱼。随着鱼体增大,其摄食的饵料鱼种类和个体也增多和增大。例如,鱼苗开口阶段,以团头鲂、三角鲂、长春鳊、细鳞斜颌鲴、黄尾密鲴、餐条鱼等的鱼苗为主。幼鱼阶段和成鱼阶段则以易得的和适口底层鱼类和虾类为主,如鲤、鲫鱼、鲴亚科鱼类等。由于池塘精养鳜鱼时的饵料鱼基本上全部是由人工投喂来满足的,因此,精养鱼池的全年支出中,饵料鱼的费用要占到80%左右。对于一个养殖户来说,要提高养殖效益,如何选择和利用好饵料鱼,是很重要的。鳜鱼饵料鱼包括鲮、鲢、鳙、草、鲤、鲫等多品种,冬春季饵料鱼以养殖区易获取资源为主,可选择草、鲢、鳙、鲫等搭配投喂,夏季饵料鱼以鲮鱼为主,保障饵料鱼均衡供给。全年饵料鱼搭配参考:6月用规格为1~3克草鱼、1~3克鲢鳙、1~2克鲫鱼作为饵料鱼,放养量分别为鳜鱼数量的150~200倍、100~150倍、100~150倍;7—10月用规格为3~25克鲮鱼为饵料鱼,放养量为鳜鱼数量的300~400倍;10月中旬至翌年春利用规格分别为20克草鱼、20克鲢鳙、25克鲫鱼。当池塘饵料鱼不足时,根据生产季节、水质条件、鳜鱼存塘量及饵料鱼规格等因素,每次投放量相当于鳜鱼存塘重量的4~6倍,高产塘口在高温季节的鳜鱼,饵料鱼存塘总量需控制在500千克/亩以内。考虑到鲮鱼不耐7℃以下的低温,应尽可能在10月中旬利用完毕。

为了确保鳜鱼养殖成功,饵料鱼的充足供应是前提。对饵料鱼的要求是:

(1)要鲜活。鳜鱼对死的东西一概不吃,即使误食后也会吐出来,因此要求饵料鱼不但要鲜,更要活。

(2)要大小适口。尤其是饵料鱼的大小要能让鳜鱼吞食下去,饵料鱼投喂时应掌握其适口性,适口饵料鱼的规格一般为鳜鱼体长的1/3左

右。如饵料鱼规格不均匀,需用鱼筛将大规格的饵料鱼筛去。

(3)要无硬棘,主要是考虑既不能使鳜鱼在吞食时被卡住,也要保证吞进肚子后不能刺破鳜鱼的肠胃。

(4)要供应及时。不能让鳜鱼时饥时饱。根据鳜鱼全年饵料系数为4左右,可参考目标产量预先计划出需要购买的饵料鱼数量。

饵料鱼培育。一是人工专门饲养饵料鱼,具体的培育方式请见前。二是鱼池搭配饲养泥鳅、鲫鱼等饵料鱼,让它们自行繁殖,来提供活饵料。方法就是在放养鳜鱼夏花之前先培养好适口饵料鱼,再放养鳜鱼苗,使鳜鱼和饵料鱼同塘生长。三是从野外收集的活饵料鱼,根据鳜鱼的日摄食量来投喂。

饵料鱼的不同生长阶段,饵料鱼的选择有一定的差异性。一般选择长条形或纺锤形、棍棒形低值鱼类,开口时以团头鲂鱼苗为最佳,鳙鱼、鲢鱼苗次之。当鳜鱼长到25厘米左右时,从来源、经济、喜食等方面考虑,则以鲤鱼、鲫鱼苗为好。

饵料鱼投喂可以采用每天投喂或分阶段投喂两种方式。无论是采用哪一种投喂的方式,应自始至终保证鳜鱼池内的饵料鱼剩余15%~20%。根据生产实践来看,考虑到每天拉网取鱼需要较多的人力和物力,建议采用分段式投喂。饵料鱼的投喂量应根据季节和鳜鱼摄食强度确定。夏秋季节是鳜鱼生长旺季,鳜鱼摄食旺盛,应适当多投喂,以3~5天吃完为佳;冬春季节鳜鱼摄食强度小,应适当减少投喂,以5~7天吃完为宜。鳜鱼与饵料鱼的数量比应掌握在1:(5~10)。若饵料鱼太少,会影响鳜鱼摄食和生长;若饵料鱼太多,则容易引起缺氧浮头,对鳜鱼生长不利。

当池中饵料鱼充足时,早晨及傍晚鳜鱼摄食最旺盛,在这两个时段观察鳜鱼摄食活动状况最适宜。通过观察可探知饵料鱼的存池量,以便提前安排饵料鱼的投喂计划。当池中饵料鱼充足时,鳜鱼在池水底层追捕摄食饵料鱼,池水表面只有零星的小水花,细听时,鳜鱼追食饵料鱼时发出的水声也小,且间隔时间较长;当池中饵料鱼不足时,鳜鱼追食饵料

鱼至池水上层,因此水花大,发出的声音也大,且持续时间较长。若看到鳜鱼成群在池边追食饵料鱼,则说明池中饵料鱼已基本被吃完。当发现鳜鱼有吐出饵料鱼现象,应立即开机增氧并加注新水。

引起鳜鱼食欲减退主要有两种情况:

①水质恶化引起的应激反应。在鳜鱼养殖过程中,由于鳜鱼大量捕食饵料鱼,其排泄物对养殖水体污染十分严重。解决措施:先将鱼池水抽去1/2～2/3,再注入新水。放足饵料鱼后,用消毒剂进行水体消毒1次,一般鳜鱼即能恢复食欲。

②多次、盲目和超标用药引起药害。有些养殖户为了提高鳜鱼成活率,经常盲目用药、过量用药,引起药害。解决措施:防治鳜鱼病害,一定要对症下药,按标准用药。同时,要以防为主,以治为辅。鳜鱼发病除自身和水体因素外,大多和饵料鱼有关,如饵料鱼的寄生虫病、出血病等都能感染鳜鱼。所以,自己培育的饵料鱼在投放鳜鱼池前要进行检查,对症下药或预防用药,可减少对鳜鱼池的用药。

2. 苗种投放

苗种质量。选择体质健壮、无病无伤、活动力强、体色鲜艳的鳜鱼苗种。

放养规格。鱼种规格大小是根据鱼池放养的要求所确定的,直接影响鳜鱼池塘养殖的产量。一般认为,放养大规格鳜鱼种是提高池塘鱼产量的一项重要措施。苗种放养的规格大,相对成活率就高,鳜鱼增重大,能够提高单位面积产量和增大成鱼出池规格。鳜鱼种规格以5～6厘米为宜,如果条件适宜,可以放养规格为8～10厘米的苗种。由于鳜鱼有相互残食的习性,要求放养的鱼种规格整齐。

放养密度。放养密度与池塘条件、饵料鱼供应、鱼种规格和养殖技术密切相关。凡水源充足、水质良好、进排水方便的池塘,放养密度可适当增加;配备有增氧机池塘可比无增氧机的池塘多放;大规格的苗种要少放,小规格的苗种要多放;饵料鱼来源容易,则多放,反之则少放;初养鳜鱼时,为慎重起见,宜少放。在正常养殖情况下,每亩放养8～10厘米的鱼种 800～1200 尾为宜。具体数量根据池塘条件、饵料鱼多少以及养成鱼预期规格等实际情况酌情而定。

放养时间。提早放养鳜鱼种是争取高产的措施之一。投放时间应依据养殖区域气候条件，在苗种入池后预留 2 个月的生长期，通过摄食为越冬储备能量，降低来年鱼病发生概率。以安徽省为例，苗种投放最迟应在 9 月中下旬完成。放养鳜鱼苗前 2～3 天，要放"试水鱼"，以检查清塘药物毒性是否消失。方法是取一些准备放鱼的池水用桶或盆子等容器装好，再将鳜鱼种放入此容器中，48 小时后若鱼种正常生活，证明放鱼是安全的。

投放流程。在池塘备足适口饵料鱼后，选在晴天清晨（阴雨天不宜放养）进行苗种投放；使用的工具要求光滑，搬运时的操作要轻，避免鱼体受损；鱼苗下池前先平衡水温，温差小于 2℃，再对鱼体进行药物浸洗消毒，杀灭鱼体表面的细菌和寄生虫，以防鱼种下池后引发病害感染；投放后及时全池泼洒应激多维并做好投放记录。苗种投放注意事项如下：

①投放的苗种需规格整齐，避免养殖后期生长速度不一致，个体差异较大，出现大鱼小鱼相互之间残食卡口致死现象。

②南方鳜鱼苗种患病毒性疾病概率较高，采购苗种前应进行传染性脾肾坏死病毒的检测。

③南方大规格鱼种运输到北方的时间通常需要 10 小时以上，长途运输的鳜鱼苗种入池后成活率低，易发生应激性疾病和鳃及体表损伤。建议采购鱼苗空运后本地进行苗种培育标粗后养殖。

3. 水质调控

鳜鱼在池塘中的生活、生长情况是通过水环境的变化来反映的，各种养鱼措施也都是通过水环境作用于鱼体的。因此，水环境成了养鱼者和鱼类之间的"桥梁"。人们研究和处理养殖鳜鱼生产中的各种矛盾，主要从鳜鱼的生活环境着手，根据鳜鱼对池塘水质的要求，人为地控制池塘水质，使它符合鳜鱼生长的需要。渔谚有"养好一池鱼，首先要管好一池水"的说法，这是渔民的经验总结。

改善水质必须紧紧抓住池塘溶氧这个根本问题。鳜鱼喜欢生活在清新的水体中,对水体的溶氧要求比较高,池塘里的溶氧保持在3.8毫克/升以上,才能正常生长;当水体中溶氧量低于3.0毫克/升时,会出现滞食现象,甚至开始拒食;当溶氧量继续下降到2.3毫克/升左右就会引起鳜鱼浮头;在1.5毫克/升以下则引起鳜鱼严重浮头和泛塘,并有吐食现象,最终窒息死亡。如果水体里的溶氧量长期低于3毫克/升水平,即使没有浮头现象,鳜鱼生长也会受到不同程度的抑制。保持水体溶氧充足,是鳜鱼养殖过程中的重要技术措施之一。一般在春末至秋末的每天中午或下午4~5时开启增氧机,若天气闷热反常,应在凌晨3~5时开机直至日出为止。在无增氧设备和增氧设备出现故障无法使用时,可采用施洒增氧灵等应急措施。增氧灵的使用量参照生产厂家的使用说明书。增加水体的溶解氧,并保持水体上下水温的稳定,改良水质环境,有利于鳜鱼生长。当然,物极必反,鱼池中过饱和的氧气一般对鳜鱼没有多大危害,但饱和度很高有时会引起鳜鱼发生气泡病,尤其是在鱼苗培育阶段。

加水、换水。在鳜鱼养殖过程中,一定要控制好水质,保持水质清新,透明度在30~40厘米,溶氧量在3.8毫克/升以上。养殖初期,应经常加注新鲜水,每10~15天加注新鲜水1次。在高温季节(6—9月),随着水温升高,一般每5~7天需加注新鲜水1次,每次加水20厘米左右,增加水体的溶氧和营养盐类,冲淡池水中的有机质和有毒物质,以保持养殖池水质"肥、活、爽、嫩"。如遇天气异常时应立即换水,换水量为30%左右,并保持水位的相对稳定,为鳜鱼提供良好的生长环境。

在整个养殖期间,一般每隔10~15天泼洒一次生石灰,浓度为15~20克/米³。如果池水浑浊,可用5~7.5千克/亩的生石灰加水溶解后全池泼洒,调节pH,优化水质。也可使用光合细菌、芽孢杆菌、EM菌等微生态制剂和底质改良剂进行改水。

4. 日常管理

池塘养殖鳜鱼是一项非常复杂的生产活动,牵涉气象、水质、饵料鱼、鳜鱼的活动情况等因素,这些因素相互影响,并时时互动,因此管理

水平的高低在一定程度上就成了决定生产成效的关键。池塘养殖鳜鱼时,要求养鱼者全面了解生产过程和各种因素之间的联系,细心观察,积累经验,摸索规律,根据具体情况的变化,采取与之相适应的技术措施,控制池塘的生态环境,实现稳产高产。除了加强对水质的调控和对鱼病的预防外,还要重点做好以下几点管理工作。

建立池塘档案,做好池塘记录,也是对养鱼生产技术工作成果的记录,以便随时查阅。要想不断地提高养鱼水平,提高养殖效益,就必须对养鱼生产全过程进行精确记录,记录方式就是为鱼池建立档案。档案的内容包括各类鱼池中鱼苗、鱼种、成鱼或亲鱼的放养数量、重量、规格、放养时间,轮捕轮放品种、时间、数量、重量、价格等,每天或定期投喂饵料鱼的种类、规格和数量,鳜鱼活动情况和水质变化情况等几个方面。最好将这些档案定时汇总,为调整生产技术措施、总结生产经验、制订更加可靠的计划提供依据。

巡塘是养鱼者最基本的日常工作,应每天早、中、晚、夜各进行1次。清晨巡塘主要观察鱼的活动情况和有无死亡;午间巡塘可结合投喂饵料鱼,检查鱼的活动和吃食情况;近黄昏时巡塘主要检查池塘里饵料鱼的存塘情况;还应半夜巡塘,以便及时采取有效措施,防止泛池。如果发现鳜鱼在水面或池边游动,要检查分析,有死鱼出现也要检查分析,并采取对策,及时处置。

酷暑季节天气突变时,鳜鱼易发生浮头现象,应根据天气、水质等采取相应的措施。一是如有浮头,做好水质调控;二是科学开动增氧机,强化水质;三是应准备增氧药品等。

▶ 第二节　池塘鳜鱼生态套养

当主养品种个体远大于鳜鱼个体时,可在主养鱼池中套养少量鳜鱼夏花或冬片鱼种,不仅能有效清除池塘中野杂鱼类,给主养鱼提供良好

的生态环境,还可充分利用饵料资源增加优质鱼产量,提高养殖经济效益。

一 池塘鳜鱼套养模式

1.亲鱼池套养

亲鱼池水深,透明度高,常混有野杂鱼类,而鳜鱼是典型的肉食性凶猛鱼类,喜欢溶氧量高、水质清新的水体。亲鱼池混养鳜鱼以选择培育草、青鱼亲鱼为主的池塘为好。放养鳜鱼夏花一般在草、青鱼人工繁殖结束以后为宜,放养规格在3厘米以上,每亩放养50~100尾。如饲养和管理好,鳜鱼夏花当年可长至300~500克/尾,每亩可产商品鳜10~15千克。

2.成鱼池套养

鳜鱼套养的成鱼池塘,以利用饲养吃食性鱼类(草、青鱼等)为主的池塘为好。池塘面积5亩以上,水深在2.0~2.5米为宜。池塘背北向阳,配备增氧机,若经常有微流水就更佳。

①套养鳜鱼夏花:放养时间一般在5月底或6月上旬,放养规格5厘米以上,每亩混养50~80尾。在鳜鱼夏花放养前,应对混养池中饵料鱼的数量做一次调查分析。如果有较多的野杂鱼,且大小比鳜鱼夏花小,则可以把鳜鱼夏花直接放入池中;如果野杂鱼数量少,且规格又大,则应先在成鱼池中引进野杂鱼类或投放家鱼夏花,以便鳜鱼夏花一下池就有足够的适口饵料可食。

②混养大规格鳜鱼鱼种:成鱼池混养大规格鳜鱼鱼种的成活率较高,一般都在80%以上,生长速度快,年底可达500克以上。大规格鳜鱼鱼种的放养时间与主养鱼放养时间大致相同,以冬春季节水温在10℃左右为好,放养规格为30~50克/尾,每亩混养15~25尾。在成鱼池中最好还要套养部分1龄鲤、鲫鱼种,这样既可供鳜鱼摄食,又可在塘内繁殖仔鱼。4月份后,可再放养一定数量的罗非鱼冬片,作为饵料鱼的补充。6、7月份以后,鳜鱼进入了摄食旺季,要了解鳜鱼的吃食、生长情况,饵料

鱼的大小、数量、增减趋势，以便补充调整。到年底，商品鳜可与主养品种一起起捕上市，规格可达500克，亩产量可达1500~2500千克。

二 池塘鳜鱼套养要点

1.影响套养鳜鱼成活率的原因

造成套养成活率低的主要原因有以下几点：一是放养规格小，成活率低的池塘放养规格基本上是在3厘米以下，这种规格的鳜鱼种下塘后摄食能力差，适应环境能力弱，当然成活率也较低；二是鳜鱼种套养时的放养量偏大，有的一亩放80~100尾，会造成自相残杀的现象发生；三是池塘水质环境不良，主要是水体过肥，导致池塘经常缺氧，有时甚至有浮头现象，这种养殖环境下的鳜鱼，死亡率是非常高的；四是饵料鱼不足，这在许多养殖户那里没有得到应有的重视，可能只是一次性放养饵料鱼，没有及时根据需求添加，或者是饵料鱼的适口性极差，如饵料鱼偏大，鳜鱼无法捕食并吞咽下它们，或者是饵料鱼投放数量不足，导致鳜鱼间相互残杀的机会大大增加，死亡率高；五是鱼病防治不及时和不注意用药方式，尤其是用了一些使鳜鱼过敏的药物，直接造成大量的鳜鱼死亡。

2.提高套养鳜鱼成活率的措施

针对上述几种情况，采取以下几方面的措施提高鳜鱼成活率。一是提高鳜鱼种的放养规格，确保下塘规格达到5厘米以上，增强它们适应环境的能力。二是降低放养密度，根据池塘中饵料鱼的来源和数量合理放养，一般每亩放20~30尾为宜，不要过多追求数量和产量。三是提高池塘水体的溶解氧含量，主要措施是加强水质管理，定期注水、换新水，控制池塘的肥水；正确使用微生态制剂来改良池塘的底质和水质；合理使用增氧机，做到晴天中午开，阴天清晨开，连绵阴雨半夜开，傍晚不开，浮头早开，如有浮头迹象立即开机，另外加强巡塘，如果发现鳜鱼有吐出饵料鱼现象要立即开动增氧机和加注新水；移植少量水花生或其他水草来净化水质，营造良好的生长环境。四是及时供应充足、适口的饵料鱼，在

鳜鱼种鱼下塘前适量放养抱卵青虾、鲫鱼或罗非鱼,让其自然繁殖,保证鳜鱼在5~10厘米时有充足的小虾可食,10厘米以上有充足的杂鱼摄食。五是加强疾病的预防工作,在鱼种入池前就要做好鱼池清整消毒工作;在主养的成鱼用药时,要考虑鳜鱼忍受程度,更不能使用对其较敏感的药物,如敌百虫、氯化铜等。

▶ 第三节　中华绒螯蟹—鳜鱼生态套养

河蟹是沿岸性生物,养蟹池大部分水体处于空置状态,在蟹池套养适量的鳜鱼可以充分利用水体空间和饵料资源。鳜鱼捕食蟹塘的小杂鱼虾,因而套养鳜鱼不需另投饵料鱼,可避免小杂鱼过量繁殖与河蟹竞争饵料、溶氧,还可以防止小杂鱼病害导致河蟹再次被感染,有利于河蟹的生长。鳜鱼单养不如套养,密养不如稀养,精养不如粗养。其中以稀放套养效果最佳,尤其是那些天然饵料丰富,河蟹和鳜鱼活动空间大的池塘,生长最快。一般亩产河蟹40千克,鳜鱼10~15千克,亩利润1200~1500元。

一　池塘条件

1.塘口条件

抽水曝晒。利用冬季空闲时间进行清池,抽干池水,曝晒一个月(可适当冰冻)。其次是清淤,要及时清除淤泥,这对陈年池塘尤为重要。为方便第二年种植水草,宜留10~15厘米的淤泥层,池塘面积10~20亩。修坡固堤要及时加固塘埂,维修护坡,使坡比达到1:(2.5~3)。维修防逃设施。清除池底淤泥和杂草。

2.清整池塘

冬季干塘冻晒15~20天后,每亩用生石灰150千克做好消毒工作。一般放蟹种前15天左右,池底留10厘米水,每亩施干燥的生石灰75千

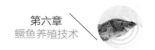
克,并耙匀。也可用生石灰化水后进行全池泼洒。后曝晒7~10天,可杀灭塘内一切有害生物。

3.增氧设施安装

微孔管增氧设备由充气泵、电动机、主管、支管和曝气管等组成,主机功率按池塘面积大小选定,气泵设置在池塘边上,总供气管架设在池塘中间水面上方,南北向贯穿整个池塘。在总供气管两侧每间隔5~10米水平设置一支管,支管一端接在总供气管上,另一端连接盘式曝气管延伸至离池边1米处,并用竹桩将曝气管盘固定在离池底10~20厘米处,呈水平状分布。曝气管盘安装需保持在同一水平面,以利供气增氧均衡。

4.防逃设施

河蟹具有较强的逃逸能力。因此,在池塘四周需建好防逃设施。用加厚薄膜或钙塑板沿池埂四周埋设,四角做成圆角,材料埋入土内20厘米左右,高出埂面50厘米,每隔1米竖设一桩支撑并稍向池内倾斜。在池塘外围设置高1~1.2米的聚乙烯网片,底部埋入土内10厘米,每隔1米用木桩固定,防逃的同时也可防敌害入池。

二 放养前准备

1.移植水草

水草种植作为河蟹养殖过程中的重要环节,是影响成蟹规格及产量的重要因素。种植水草有多方面的好处:一是水草作为河蟹喜食的天然植物性饵料,能有效降低养殖成本;二是可为河蟹提供优良的栖息和蜕壳的隐蔽场所,减少同类及敌害生物的残食;三是水草通过光合作用能增加水中溶氧,同时可吸收水体中的营养盐,达到净化水质的作用;四是河蟹平时在水草上攀爬、摄食,易受阳光照射,能促进其对钙质的吸收,有利于甲壳生长;五是水草在高温季节能起到遮阳降温作用,为蟹、鳜创造优良的生长环境。水草科学合理种植与移栽是河蟹浅水生态养殖的一项基础性工作,不仅品种要合理搭配栽种好,还要及时养护好,才能使水草在调节水环境中发挥最佳的效果。种植的水草种类以伊乐藻、菹草、苦草、水葫芦等为主,水草覆盖率一般保持在50%~60%。2月初环沟两侧移栽伊乐藻,间距3~4米,中间底部条栽。2月中旬在畈田上种植轮叶黑藻芽孢,间距3米,行距1米,每穴3~5个,播种时要保持畈田面潮湿,播种前要用网片隔离,防止蟹苗爬上畈田破坏水草,视轮叶黑藻芽孢发芽情况可在4月补种轮叶黑藻茎叶。4月底前,畈田上水后播种苦草,用量为1千克/亩,方法是拌泥泼洒或浸泡后直接带水泼洒。5月上旬河蟹第二次蜕壳完成后,在畈田上移栽一定数量的伊乐藻,移栽时畈田面保持10厘米左右水位,条状移栽在轮叶黑藻空隙之间的苦草丛中,行距1米。6—7月,视情况可在环沟两侧再移栽一定数量的轮叶黑藻茎叶,以弥补伊乐藻生长不旺局面。

2.投放螺蛳

螺蛳是河蟹重要的动物性饵料,适量投放螺蛳,有利于降低养殖成本,同时还能净化水质。螺蛳可分两次投放,第一次在清明前后,每亩投放鲜活的田螺250~300千克;第二次在7—8月份补放,投放量每亩150~200千克。

3.鳜鱼的饵料鱼

鳜鱼饵料的准备在投放鳜鱼苗种前,必须保证有充足的适口饵料鱼供应,可一次投足或分批投喂。如果饵料大小不适口、数量不充足,不但会影响鳜鱼的生存、生长、发育,而且会导致同类相残,弱肉强食。可人为地在池塘中投放鲜活的饵料鱼,时间是在4月初,此时水草基本上成活并恢复生长态势。每亩要选择性腺发育良好、无病无伤的2冬龄鲫鱼(雌雄性比控制在2:1为宜)5千克,即放养一些繁殖快的2冬龄鲫鱼。具体做法是:每亩选择性腺发育良好、无病无伤的鲫鱼2~3组,用3%盐水消毒5分钟后,放入水草较多的水域。待温度回升后让其自然繁苗,为鳜鱼种鱼下塘后提供适口饵料。在下塘时,用10毫克/升的高锰酸钾溶液浸洗5分钟或5%的食盐水溶液浸洗30秒,在水草茂盛区入池。待5月中旬

前后,性腺发育良好的鲫鱼会自然繁殖,为鳜鱼提供大量的鲜活饵料鱼。另一方面也可在每月或每半月根据鳜鱼的实际生长情况和池塘的储备量来定期定量地补充饵料鱼。另外在套养池中可每亩放养1千克的抱卵青虾,对鳜鱼和河蟹的饵料补充是非常有好处的。

三 苗种投放

1. 蟹苗投放

蟹种全部选用上年培育的扣蟹,最好自育蟹种或购买本地健康的蟹种,避免长途调运外地来路不明或带病蟹种养殖。同时,要鉴别性早熟蟹种。所购蟹种既要品种纯正,又要规格合适,肢体完整,爬行活跃,体质健康,无病无伤无害。蟹种的运输时间越短越好,最好在12小时以内,蟹种用网袋或蟹苗箱盛放,运输途中防止挤压和失水。经运输的蟹种放养前应在水中浸泡2~3分钟取出,如此反复2~3次,让蟹的鳃吸足水分。在3—4月每亩放养规格为120~160只/千克蟹苗800~1200只。放养前用10毫克/升高锰酸钾溶液浸泡蟹种10~20分钟。为防止蟹种摄食水草嫩芽,使水草能茂盛生长,蟹种进入大池前,先暂养在池塘进水口一侧,面积占池塘的1/10。加强人工投喂到5月中旬,当池塘的水草覆盖率超过30%时,撤去暂养围网,使扣蟹进入大塘区域饲养。

2. 鳜鱼苗投放

在6月中旬,鳜鱼种鱼投放的规格力求在10厘米以上,每亩套作20尾这样的大规格鱼种。经过一冬龄的养殖,即可达到400克左右的商品规格,保证当年投放,当年受益。

四 养殖管理

1. 投喂管理

根据河蟹的生长规律和生长特点,可以采取"中间粗、前后精,移螺植草"相结合的投喂方式。初期以投喂一些小杂鱼、轧碎的螺、蚬肉和颗

粒饵料为主,促进蟹种第一次蜕壳,这对提高成活率和最终养成规格至关重要,中期以投喂水草、南瓜、小麦、玉米和轧碎的田螺为主,后期则弱化颗粒饵料的投喂,增加鱼虾和田螺的投喂,以增加河蟹的肥满度。如河蟹钳草,第二天早上出现新鲜水草漂浮,应当增加饲料投喂量。

鳜鱼的投饵主要是适时适量适口投喂饵料鱼,满足鳜鱼对饵料鱼的需求。它的饵料源在前文已经表述。

2.科学调节水位

3—5月将水位控制在0.5～0.8米,以利于水温升高、水草生长、螺蛳繁殖及河蟹的蜕壳生长;6—8月将水位逐步调高在0.8～1.2米;9—11月水深控制在1米左右,其间定期注换新水,保持透明度35～40厘米。平均每5～7天注水一次,注水量为20厘米,每半个月换水1/3,高温季节每天先在排水口排水,再注入等量的新鲜水,保持每天水位改变幅度在10厘米左右。在盛夏高温季节,加大换水力度,每3天换冲水一次,同时要加足水位。

3.水质条件

鳜鱼和河蟹都喜欢清新的水质,对低溶氧的忍耐力较差,一旦缺氧浮头,鳜鱼首先死亡。丰富的溶氧不但有助于河蟹的肥满,也有助于其他鱼的生长,所以蟹鳜套作的池塘施肥不能太多太勤。在日常管理中重点加强水质人为调控。在同等条件下,鳜鱼鱼苗窒息点是鲢鱼的3.1倍,鲤鱼的5.1倍,鲫鱼的12.5倍。因此,平时要注重观察水质变化,坚持定期测定水质相关理化因子,发现情况及时采取措施,调节水质。

主要措施是:①泼洒生石灰,每次用量控制在$(15～20)×10^{-6}$浓度;②注换新水,7—9月份加大换水频率,平均每月换4～6次;③泼洒光合细菌,每次每亩用量为5千克光合细菌。但使用生物制剂时,不施用生石灰。通过以上技术手段,使水体溶氧保持在5毫克/升以上,透明度30～40厘米,pH7～8.5,氨氮不超过0.25毫克/升,为鳜鱼和河蟹共同创造了一个良好的水域环境。5—9月每隔15～20天用底质改良剂改善水体底质环境,降低氨氮、硫化氢,消除重金属离子及亚硝酸盐,提高溶氧,稳定

pH,增加蟹、鳜机体免疫力,促进其健康生长。

4.病害预防

鳜鱼体质娇嫩,稍有受伤便感染生病。据有关资料介绍,池塘单养鳜鱼常见的寄生虫类疾病有鱼鲺、指环虫、车轮虫等;细菌性疾病有烂鳃、肠炎病及白皮病等。但蟹池中套养鳜鱼疾病如何,未见报道;而且,鳜鱼对药物有严格的选择性,特别是对敌百虫等药物比较敏感。因此,对鳜鱼和河蟹防治病害药物,要特别慎重,坚持贯彻"预防为主,防治结合"的方针,除了从源头抓起,严格把住苗种运输关,鱼体消毒后下塘,用生石灰、生物制剂调节水质外,在一口试验塘口对鳜鱼还来取了间接服药法。具体方法是:用100千克饲料加10千克灰茎辣蓼(粉碎后温水浸泡)均匀拌和、晾干,于下午3~4时投喂池中饵料鱼或寄养塘中的饵料鱼。投喂量为饵料鱼体重的10%,连喂3~5天,用于防治细菌性疾病和寄生虫类疾病。

每月施用一次高效的生物制剂进行调节,如EM菌和活性硝化细菌,可提高水体的有效活性微生物,有效地保证了水质的优化。在水深1米的情况下,每亩用20千克的生石灰化水后,趁热全池泼洒,调节水体pH在7.2~8.0,时间每15天一次。

▶ 第四节　克氏原螯虾—鳜鱼生态轮养

这种养殖模式主要是根据克氏原螯虾单养产量较低,水体利用率偏低,池塘中野杂鱼多且克氏原螯虾和鳜鱼之间栖息习性不同等特点而设计,进行克氏原螯虾、鳜鱼混养,可有效地使养虾水域中的野杂鱼成为饵料转化为保持野生品味的优质鳜鱼,这种模式可提高水体利用率。

一 准备池塘

可利用原有克氏原螯虾池,也可利用养鱼塘加以改造。混养池塘要

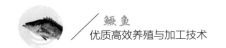
求环境安静、阳光充足、水源充沛、水质清新、排推方便,面积15亩左右,平均水深为1.5米以上,最好有深水区和浅水区,水草覆盖率在25%左右。池塘面积以10亩左右为宜,东西走向,长宽比以3∶1为宜。为了预防疾病的传染,每个池塘都要有独立的进排水系统。

放养苗种前要经过清淤、晒(冻)塘和消毒等处理工作。主要是加固塘埂,浅水塘改造成深水塘,使池塘能保持水深达到1.8米以上。消毒清淤后,每亩用生石灰75~100千克化水全池泼洒,将生石灰溶化后不待冷却即进行全池泼洒,以杀灭黑鱼、黄鳝及池塘内的病原体等敌害。

池塘的两端设进出水口,进水口设在水位最高的界面上,水泥涵管伸入池内,出水口设在进水口对面。进出水口都用铁丝网封扎防逃,进水口还需加套60目筛绢制作的管袋,防止敌害生物随水进入。在虾种或鳜鱼鱼种投放前20天即可进水,水深达到50~60厘米。

投放虾种前应栽种或移植水草,使克氏原螯虾有良好的栖息环境。水草培植一般可播种苦草、伊乐藻、轮叶黑藻、金鱼藻等沉水植物,芦苇、菰草等挺水植物,水花生、水葫芦、浮萍等漂浮植物,保持占池面积2/3的水生植物。水草不足,要及时补充;水草过密,要人工割除,以确保养殖池塘有足够的受光面积。种植水草有四方面的好处。一是水草可以作为克氏原螯虾喜食的天然优质植物性饵料,能有效降低养殖成本;二是为克氏原螯虾提供栖息和蜕壳的隐蔽场所,以防被敌害发现,并减少相互残杀;三是通过光合作用增加水中含氧量,并可吸收水体中的有机质,防止水质富营养化,起到净化水质的作用;四是在高温季节水草能起到遮阳降温作用,为虾、鳜创造健康生长的优良环境。

每亩可放养鲜活螺蛳500千克。适量投放螺蛳让其自然繁殖,为克氏原螯虾提供喜食的天然动物性饵料。螺蛳投放采用两次投放法,第一次投放时间为清明前后,投放量为250~300千克/亩。第二次投放时间为8月份,投放量为200千克/亩左右。螺蛳价格低,来源广,有利于降低养殖成本,同时还能起到改良水质的作用。

做好克氏原螯虾的防逃工作至关重要,用水泥板、石棉瓦、矿石瓦或

铝板作围板,竹木桩支撑,细铁丝扎缝,土上部分留0.5～0.7米,土下部分留0.2～0.3米,四角建成弧形作为防逃墙。

二 苗种投放

1.克氏原螯虾放养

要求放养的克氏原螯虾规格整齐一致、个体丰满度好,爬动迅速有力。克氏原螯虾的放养方式有两种,一种方式是将上年养殖的成虾留塘养殖,让其自然繁殖小虾苗,留塘成虾量为8～12千克/亩。2～3年后,将不同塘口的雌雄克氏原螯虾进行交换放养,以免因近亲繁殖而影响克氏原螯虾种群的长势及抗病力。另一种方式是选择本地培育和湖区收购的幼虾放养。放养规格为4～5厘米,放养密度为20千克/亩左右。放养时间在4—5月。

2.鳜鱼放养

选择经强化培育后的鳜鱼鱼苗放养。要求鳜鱼鱼苗规格整齐、体质健壮、体表光滑、体色鲜艳、无伤无病。鳜鱼种鱼放养时间宜在8月1日前进行,放养5～6厘米规格的鳜鱼种鱼,池塘每亩投放300尾,具体放养密度视池内野杂鱼数量而定。放养鳜鱼可充分利用池中的野杂鱼为饵料,实现低质鱼向高质鱼的转化。

3.其他鱼种的放养

3—4月可投放规格为6～8尾/千克的鲢鱼、鳙鱼种鱼,放养密度为30～50尾/亩。放养滤食性鱼类,能充分利用养殖池塘水体中的浮游生物饵料和有机碎屑等资源,既可降低生产成本,增加收入,又可维护良好的水体生态环境,减少污染和病害的发生。

三 养殖管理

1.饲料投喂

鳜鱼饵料的来源一是水域中的野杂鱼,二是水域中培育的饵料鱼或

补充足量的饵料鱼供鳜鱼及克氏原螯虾摄食。如数量不足,可补充一定量的鲜活小杂鱼或小鲫鱼。投喂量主要根据克氏原螯虾体重计算,每日投喂2~3次,投饵率一般掌握在5%~8%,饲料有螺蚬蚌肉、小杂鱼虾、畜禽内脏和饼类、谷物类、麸皮及南瓜、土豆等。具体视水温、水质、天气变化等情况调整。

2.水质管理

每天早晚巡塘一次,根据水质、天气、浮头情况随时加水增氧。水质要保持清新,时常注入新水,使水质保持高溶氧。水位随水温的升高而逐渐增加,池塘前期水温较低时,水宜浅,水深可保持在50厘米,使水温快速提高,促进克氏原螯虾蜕壳生长。随着水温升高,水深应逐渐加深至1.5米,底部形成相对低温层。水质要保持清新,水色清嫩,透明度在35~40厘米,夏季坚持勤加水,以改善水体环境,使水质保持高溶氧。

春季以浅水为主,水深控制在0.5~0.8米,这样有利于水温升高、水草生长、螺蛳繁殖及克氏原螯虾的蜕壳生长。夏、秋季经常注入新鲜水,控制水深在2米左右,透明度保持在35~40厘米,这样有利于虾、鳜的摄食和快速生长。每20天用10千克/亩生石灰化水全池泼洒1次,既起到调节水质和消毒防病的作用,又能补充虾、鳜生长所需的钙质。也可采用光合细菌、枯草杆菌等微生物吸收水中和水底有毒物质硫化氢、铵盐等;使用底质改良剂,改善池底淤泥,分解淤泥中的硫化氢、氨氮等有害物质,提高溶氧,稳定pH,以增加虾、鳜机体免疫力,促进其健康生长。

增氧措施。根据水体溶氧变化规律,确定开机增氧时间和时段。一般3—5月,阴雨天半夜开机至日出停止;6—10月下午开机2小时左右,日出前再开机1~2小时,连续阴雨或低压天气,夜间21:00—22:00开机,持续到次日中午;养殖后期勤开机,以利于增加克氏原螯虾、鳜的规格和品质。有条件的应进行溶氧监测,适时开机增氧,以保证水体溶氧在6~8毫克/升。进入8月份是克氏原螯虾、鳜鱼浮头季节,这时应该减少施肥,加强观察。如发现克氏原螯虾群集塘边,聚在草丛,惊动不应,光照不离,发现鱼类头部浮出水面的现象应立即开机增氧,避免意外发生。

3. 日常管理

加强巡塘。一是观察水色,注意克氏原螯虾和鳜鱼的动态,检查水质、观察克氏原螯虾摄食情况和池中的饵料鱼数量。二是大风大雨过后及时检查防逃设施,如有破损及时修补,如有蛙蛇等敌害及时清除,观察残饵情况,及时调整投喂量,并详细记录养殖日记,以随时采取应对措施。

合理施肥。可根据季节、天气、水质等情况适当施肥,以培养和繁育天然饵料,供克氏原螯虾自由觅食。水草生长期间或缺磷的水域,应每隔10天左右施一次磷肥,每次每亩1.5千克,以促进水生动物和水草的生长。

适时捕捞。按照不同品种的捕捞时间而定。克氏原螯虾放养2个月后,可用地笼将规格40~50克氏原螯虾起捕上市,做到捕大留小,均衡上市,后期捕捞要注意留足下年的亲虾;鳜鱼放养5个月后,可将尾重达500克以上的鳜鱼起捕上市,降低密度让小规格鳜鱼继续留在池内生长。

▶ 第五节 罗氏沼虾—鳜鱼生态混套养

罗氏沼虾不耐低温,秋末冬初,当气温降至15℃时,需及时干池起捕上市,池塘实际利用只有半年时间(5—10月)。鳜鱼是肉食性鱼类,即使在冬季的寒冷季节,它们也并不完全停食,仍持续生长,只是摄食强度和生长速度减缓。利用罗氏沼虾养殖池冬闲期饲养鳜鱼,此阶段鳜鱼种鱼便宜,饵料鱼丰富,将鳜鱼养至翌年4—5月上市,价格相对较高。利用罗氏沼虾养殖池的冬闲期来轮养鳜鱼,在这个阶段,鳜鱼的苗种便宜而且来源方便,饵料鱼丰富而且运输后的饵料鱼成活率极高,将鳜鱼从头一年的10月一直养至翌年4—5月份上市,价格相对较高。实行罗氏沼虾与鳜鱼轮养,能最大限度地利用虾池的闲置期,提高池塘产出率,增加养殖效益。

一 池塘条件

1.塘口条件

主要是利用罗氏沼虾的养殖池塘,一般高产的罗氏沼虾养殖池塘的面积宜在20~40亩,池内安装增氧机,按1000~1330米²/千瓦设置,增氧机的主要作用是增氧、搅拌和使塘水形成一定的水流。池塘过大的话,在投喂、防病等管理上难以到位,太小的池塘又面临着水质容易恶化的缺点,因此适宜的面积便于管理,精养程度高。这样能稳定水质,便于发挥和提高管理人员的工作效率。池塘的形状通常以长方形或长条形为好。

一般长方形池塘的长、宽之比为5:3或3:2,适当比例的长条形池塘有利于提高换水效率。太长也不适宜,否则将会导致进、排水两端水质状况的明显差异。长形池塘有利于延长日照时间,有利饵料生物繁殖。

池塘的深度从沟底到水面的深度以1.5~2米为宜,一般沟深约60厘米,确保有效保水深1.2~1.5米。底部应该平坦并略向排水一侧倾斜,便于清塘和收虾时排干池水。

2.进排水

要求池塘滩脚平坦,坡比1:3以上。水源充足,水质清新无污染,基本上能做到活水养虾,这是罗氏沼虾养殖单产高的关键因素之一。排灌水方便,一个虾塘群体应有独立的进、排水系统,进水口设60目筛绢网布制成的袖网过滤,严防野杂鱼及敌害生物入池,出水口设40目筛绢网拦虾外逃。

在养殖池的池底最低处设置2米×2米×1米的集虾坑,同排水沟相通,以便于清塘捕捞。在放养罗氏沼虾苗前,必须进行干塘、清整、消毒、曝晒,每亩用100千克生石灰干法清塘,翌日注入新水,水深0.6米。塘的塘底为泥沙土质,淤泥厚10厘米以下,保水性能要好。如果塘底淤泥过多,要先干塘清除过多淤泥。

3.防逃和防鸟设施

在罗氏沼虾池四周用塑料薄膜圈围池堤,高度为1米,防虾外逃和鼠蛇、青蛙等敌害进入。在池塘的背风向阳的地方,可以预先开挖一个长方形小池。小池子的面积为50平方米,小的池子水深0.8~1.2米,搭好毛竹架子,上覆盖薄膜,池内挂有网片供虾栖息。

在鳜鱼苗放养前,池塘四周沿池塘水面向池塘内用12目塑料网和竹杆搭建60厘米宽的防鸟网,防止白鹭、灰鹭等鸟类啄食水边吃食的鳜鱼苗。

4.清塘

在虾苗放养前一星期(4月15日左右)用1千克漂白粉消毒,杀灭野杂鱼及病菌,10天后就可以放虾苗了。在放苗前三天进水,并加热(可用热泵)保温,水温控制在22℃以上时可放养罗氏沼虾苗。

5.种植水草

在池底离塘边1米处沿池塘四周种植水草,营造良好的养虾生态环境。其次是在池塘四周塘坡种植空心菜。一般在4月底播种,5月中旬鳜鱼清塘后移植至塘坡的0.7米的水位线上,种植间距为0.1米,待水位上升,空心菜长势良好时延伸至池塘2~4米,面积占整个池塘面积的1/5,作为罗氏沼虾栖息及蜕壳环境。

二 苗种投放

1.虾苗投放

暂养虾苗。在购买罗氏沼虾苗种时,基本上都是刚刚淡化好的幼苗。这种幼苗的活动能力和对水体的适应能力非常差,主动捕食能力也非常差,如果直接放养到水体中进行成虾的养殖,死亡率非常高,因此我们在放养前都要经过一段时间的暂养或培育,时间一般为20天左右。先准备好中间培育池,培育池的面积以50平方米左右为宜,池中栽好轮叶黑藻、金鱼藻、黄丝草等水草,供虾的幼苗栖息、附着、隐藏所用。在每年的4月中下旬,可以放养刚刚淡化好的幼苗,也有的养殖户购买的虾苗淡

化没到位,这时需要进一步淡化两天,每池放养淡化苗10万尾,密度以每平方米2000尾为宜。在暂养时除了喂养专门的饵料外,更重要的是保证温度的相对恒定和溶解氧的供应,对保证温度来说,可以在培育池的外周预先设置双层塑料薄膜就可以了,早晚盖上薄膜,21时到次日下午4时左右可以掀开薄膜,基本上就能达到温度要求了。在暂养过程中对于溶解氧的供应,可以采用电磁式空气泵不间断增氧,最好可以采用微孔增氧,将微孔增氧管铺设在池底,离底部10厘米就可以了。

虾苗放养。罗氏沼虾苗种经过20余天的精心培育,在正常情况下,虾苗成活率60%～70%,规格达到2～3厘米。此时已到5月中下旬,这时可选择天气晴朗,池塘水温稳定在20℃以上时放养,放养前先揭去保温薄膜,待培育池内水温与池塘水温一致后,用抄网捕出计数后入塘。放养密度为每亩1.2万～1.5万尾。

在生产实践中,我们发现罗氏沼虾养殖如果采用温棚淡化和暂养早繁苗,在养殖池中进行子母池套养,采取一次放足、多次捕捞、分批上市的养殖模式,可延长罗氏沼虾1～2个月的生长期,增大成虾上市的规格和拉开销售期,避免集中上市,提高售价。

2. 鳜鱼放养

罗氏沼虾养至9月份,大部分已达到60尾/千克的上市规格,可采取捕大留小的方法,提前分批捕捞上市,直至10月中旬左右,全部干塘捕捉完毕。到10月下旬用生石灰清塘或用漂白粉清塘,大约10天,等池塘毒性完全消失后,再放养鳜鱼种,规格为每尾0.15～0.25千克,每亩放养量280～300尾,一定要注意控制放养量,加大放养规格,提高上市率。鳜鱼的产量依赖于鳜鱼种鱼的质量,要求放养的鳜鱼规格整齐,鱼不受伤、表面光滑,无寄生虫等病害;鱼种下塘前用食盐消毒5分钟,杀死鳜鱼体表寄生虫。

3. 配套鲢鳙

在罗氏沼虾虾苗入塘后20天,6月中旬左右,每亩放养仔鱼或当年夏花鲢鳙鱼种各50尾以控制浮游生物量,避免水质过肥,影响罗氏沼虾摄

食和生长。

三 养殖管理

1. 罗氏沼虾饵料

在刚进大棚的淡化虾苗暂养时，就需要及时投喂适口的饵料，主要投喂鸡蛋羹，每天可投喂两次，投喂量为每10万尾幼虾苗每次50克；7天后开始投喂由鱼糜、豆浆等高蛋白原料制成的饵料，投喂量为存池虾苗体重的50%，每天上午、中午、傍晚各一次，尤其是以傍晚的投喂量为主，可占全天的60%，同时视吃食及水质情况酌情增减。经过精心培育和暂养25天左右后，就可以适时转入池塘；这时可以投喂罗氏沼虾全价颗粒饵料，同时辅以豆饼、小麦粉、麸皮、小鱼、轧碎的螺蛳投放在浅滩上，其中要求动物性饲料占35%以上，日投喂量为虾体重的20%～40%；4个月后按虾体重的5%～10%投喂。每天两次，上午投喂总量的30%，下午70%，同时适当投喂一些浮萍、蚕沙和含其他微量元素的植物性饵料，以满足罗氏沼虾的生长需要。

2. 鳜鱼的饵料

在10月中下旬到11月上旬，鳜鱼就要全部进入大塘中饲养，不可拖延，否则会影响鳜鱼的成长速度，从而直接影响上市规格和经济效益。

在鳜鱼种下塘时同时投放饵料鱼，适宜的饵料鱼主要有白鲫、鲢鳙鱼鱼种及泥鳅亲本，规格为白鲫每尾0.4～0.45千克、鲢鳙鱼鱼种每尾25～50克、泥鳅每尾20克左右。开始每亩投放150千克，随着鳜鱼的生长以后逐步增加投放饵料鱼的数量。投喂按阶段进行，3月份前天晴时每星期投喂1次，3月份每星期投喂2次，每次每亩投喂15～20千克，4月份根据天气情况酌情增加。保证鳜鱼和饵料鱼尾数之比为1∶（10～15），饵料鱼密度过稀，鳜鱼因掠食饵料鱼而消耗过多的体力，达不到充分摄饵的目的影响生长；饵料鱼密度过高容易引起缺氧浮头。为保证未吃完的饵料鱼的同比增长，同时投喂适量的菜籽饼和颗粒饲料。

3. 施肥管理

由于鳜鱼喜欢清新的水质,因此在轮养时,施肥主要是在罗氏沼虾这一阶段。罗氏沼虾暂养苗下塘前5~7天,每亩施放经发酵过的有机粪肥100千克,以培育浮游生物等天然饵料;生长期间,每20天施用过磷酸钙一次,每亩用量3~5千克,但切忌与生石灰混用或同期使用。

4. 水质管理

罗氏沼虾下塘后一般每8~9天加注一次新水,每隔一星期提高水位8~10厘米,两个月后水位达1.4米左右。高温季节每2~3天加注一些新水,遇连续的低压或阴雨天需及时调换新水。虾蜕壳高峰期,白天适度降低水位,以利提高水温,促进新壳硬化,傍晚加注新水,有利虾蜕壳生长。每天早晚各巡塘一次,注意水质变化,一旦发现有虾游爬靠岸,应立即注入新水或用增氧机增氧,防止缺氧造成鱼虾死亡。

鳜鱼的养殖水体要求整个饲养过程中应保持溶氧丰富、水质清新,以利鳜鱼生长。冬季15~20天加注新水一次,每次10~15厘米;春季7~10天一次,每次20~30厘米,水体溶氧保持在4毫克/升以上,透明度保持在0.4米以上。

▶ 第六节　池塘工程化循环水鳜鱼养殖

池塘工程化循环水养殖系统是在传统养殖池塘中通过建造养殖槽、集污区等方式把池塘划分为养殖、集污、净水三大功能区,将养鱼和养水在空间上分离,实现"散养"到"圈养"的生产方式升级。利用池塘工程化循环水养殖系统,将鳜鱼圈养在养殖单元格中,外塘配套饵料鱼,便于生产管理。该养殖模式多采用翘嘴鳜、杂交斑鳜等。

一 池塘条件

1. 池塘工程化建设

选择40~60亩,边界规整的池塘建造工程化循环水。池塘工程化循环水养殖系统采用气提水作为主要推水动力,为了获得均一性好的水流特性并且减少施工量,养殖槽结构多设计成规则矩形结构。养殖区由若干长方形养殖跑道并联而成,后方的集污区与其垂直相连。在推水设备下方建有1米高前挡水墙,集污区出口建有0.6米高后挡水墙。在养殖跑道前端、末端和集污区出口均建有拦鱼格栅。

养殖槽面积为池塘总面积的1.5%~2.5%。净长27米,由23米养殖段和4米集污段构成,其净宽5米,净高2.2~2.3米。养殖槽基础面积为养殖水槽面积的120%。基础施工如下:①清除淤泥,铺垫石灰、黏土和细砂组成三合土,分层夯实,厚度30厘米,上面浇筑10厘米混凝土。②软基塘底需加填30厘米块石,上层30厘米三合土,分层夯实;用HPB235型号,直径8米钢筋,横直相隔20厘米铺设,相交处用细铁丝扎牢,再浇筑10厘米厚度的混凝土。边墙厚度37~50厘米,外缘隔2米砌高度≥1.5米砖垛,内面用砂浆抹平。中间墙厚度24~37厘米,砂浆双面抹平。挡水墙建设在池塘中间土坝,一段与养殖槽垂直连接,另一端距岸边留15~20米缺口。拦鱼栅栏由直径1.5毫米的304或202不锈钢丝网做成5.1米×(2.3~2.5)米的栅栏,栅栏网目2Φ≤2.0厘米,也可根据放养鱼种大小决定栅栏网目。

2. 外塘净化区匹配

养殖槽以外的全部面积,占循环水养殖池塘面积的97.5%~98.5%。在净化区的岸边、浅水区或生态浮床上种植种类有沉水植物、浮水植物、挺水植物或其他能够在水面生长的陆生植物,植物生长面积不超过净化区面积的30%。在外塘净化区配套白鲢、鳙鱼、螺蛳、河蚌等品种,每亩面积放养白鲢120尾,鳙鱼70尾,规格≥100克,投放螺蚌不少于5千克。在净化区内,沿水循环流动方向设置单体气体式增氧推水设备,设置数量≥

3台,能够有效推动水体流动。

3.配套设施

每条养殖槽前端安装推水机、投饵机,末端安装吸污机,配套相应总功率的发电设备。池塘边依据养殖槽个数建设鱼粪三级沉淀池和生物硝化处理池,尾水处理后回流池塘再次利用。

工程化循环水池塘布局见图6-1。

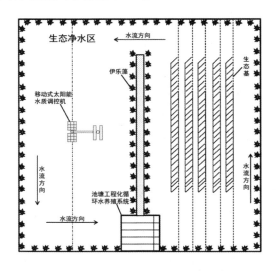

图6-1 池塘工程化循环水鳜鱼养殖布局图

二 苗种投放

养殖槽内投放规格为10厘米以上的鳜鱼,每条养殖槽放养0.9万尾左右。鱼种放养前投喂优质饲料,增强体质;15天内要锻网2~3次,进行密集锻炼降应激;投放当天早晨进行拉网,将鱼放入防逃网箱中进行控箱;起捕后运到养殖槽附近,用专用放鱼设施放入养殖槽中。放养结束后,养殖槽内泼洒高稳维生素C和葡萄糖。鱼苗放入养殖槽中后,只开动养殖槽中底部微孔增氧设施,微流水静养5~7天,再启动养殖槽前部推水设备低速运行10分钟,逐步增加推水时间,推水1周后可正常推水。

外塘净化区按每亩30万尾量配套饵料鱼并以每亩80~100只比例

套养河蟹。

三 养殖管理

根据"养殖槽"内鱼的生长情况,逐步提高推水速度。推水机和底增氧设施交替开启。早期几天吸污一次,中后期每天一次,每次时长以观察吸出污水颜色与池水相近时即停止。吸污时间固定在上午10时左右。养殖水槽末端增设粪便收集网或后端2~3米处设置生物栅栏或种植挺水植物,阻挡残饵和粪便等固体废弃物。池塘沿岸浅水区种植苦草、伊乐藻、轮叶黑藻等沉水植物;深水区用生态浮床种植挺水植物。外围池塘配备水车式增氧机,根据水质掌握开机时间,防止出现水流死角。确保水草正常生长,及时捞除枯草。

每半个月检测水中溶氧、pH、氨氮指标,根据水质情况,采取针对性措施。一般15~20天使用1次微生态制剂全塘泼洒。早晨及傍晚观察鳜鱼摄食活动状况,通过观察可探知饵料鱼的存量。及时捞除死鱼或杂物,观察鳜鱼活动是否正常,定期维护、保养设备,定期检查备用发电机。每月月初打样,检查生长情况。

第七章

鳜鱼病害防控

在自然环境下,鳜鱼喜欢栖息于江河、湖泊、水库等水质清新、水草丰盛、溶氧充足的水体中,且不喜群居,个体活动空间大,受到病原体侵害较少,发病也很少。随着鳜鱼养殖规模的不断扩大,放养密度的加大,水环境稳定性较差,疾病的发生也日益加剧。

在鳜鱼养殖过程中,疾病种类繁多,包括病毒病、细菌病、真菌病、寄生虫病、藻类病等。多病原性复合病发生显著增加,危害严重且难以控制。疾病发生已覆盖整个养殖周期、所有养殖水域。鳜鱼暴发性流行病发病速度快,死亡率高,给养殖户造成严重的危害和损失。

▶ 第一节 鳜鱼发病原因

鳜鱼发病原因包括环境条件、病原生物、鳜鱼体质、养殖管理等因素。发病原因既有外界因素,也有内在因素。鳜鱼发病时要兼顾内外因素,才能有效控制并解决病害问题。

一 环境条件

1. 水温变化

鳜鱼是水生变温动物,在正常情况下,鳜鱼体温随环境水温的变化而变化。如果环境水温发生剧烈变化,会引起鳜鱼强烈应激,甚至出现死亡。一般而言,鱼苗生活的环境水温剧烈变化不得超过2℃,成鱼生活的环境水温剧烈变化不得超过5℃。鱼苗、幼鱼对水温变化非常敏感,适

应能力较弱,遭遇极端天气(寒潮等)往往会影响生长甚至死亡。成鱼对水温变化适应能力稍强,但也会影响摄食生长。水温升高会加快环境中有机质的分解,消耗大量溶氧。水温超过25℃,细菌性烂鳃病、细菌性肠炎病、病毒性出血病也最为流行。

2. 水质变化

水质指标主要包括pH、COD、氨氮、亚硝酸盐等。鳜鱼生长最适宜pH为7.0～8.5,pH过低或过高均会影响鳜鱼的生长发育。当溶氧在3.8毫克/升左右时,适宜鳜鱼生长发育;当溶氧低于2.3毫克/升时,鳜鱼会出现滞食情况;当溶氧低于1.5毫克/升时,鳜鱼会出现浮头情况;当溶氧过于饱和时,鳜鱼易得气泡病。当氨氮低于0.2毫克/升、亚硝酸盐低于0.1毫克/升时,适宜鳜鱼生长发育。

3. 环境污染

当水体、底泥等环境中重金属(镉、汞、铅、砷等)含量较高时,长期生活的鳜鱼鱼苗易得弯体病;重金属通过水相或食物相在鳜鱼体内富集,富集程度高时可导致鳜鱼中毒。

二 病原生物

能引起疾病的微生物和寄生虫都称之为病原体。微生物主要包括细菌、病毒、部分藻类等,寄生虫主要包括原生动物、蠕虫、甲壳动物等。微生物病原体引起的鱼病称为传染性鱼病;寄生虫引起的鱼病称为侵袭性鱼病。

三 鳜鱼体质

健康的鳜鱼具有一定的抗病能力,能够抵御水体环境的变化以及病原生物的侵袭。当鱼体抗病力下降,且生活环境较差时,极易引起疾病的发生。

在鳜鱼亲本引进、苗种购买时,要特别注意鳜鱼的来源,优先选择本地及附近的原种基地。针对较多地区鳜鱼苗种病毒检出率高、抗病力

弱,可开展苗种病原检测,做到源头管控,杜绝引进携带病原的苗种。

(四) 养殖管理

1. 苗种放养与分塘

苗种放养密度要适宜,密度过高容易引起缺氧,水质稳定性差。苗种放养与分塘规格要一致,规格差异大不利于饵料鱼的投喂,且大鳜鱼摄食能力强于小鳜鱼,规格悬殊太大时易出现大鳜鱼吞食小鳜鱼现象。

2. 饲养管理

选择健康、无病的饵料鱼,饵料鱼与鳜鱼混养时,要控制好混养比例、品种搭配和饵料鱼规格,加强水质管理,及时调水换水,避免水体氨氮等指标超标,诱发疾病暴发。使用饲料投喂鳜鱼时,要遵循"四定"原则,即定质、定量、定时和定位。

3. 生产操作

在鳜鱼人工繁育、鱼苗放养及运输等生产操作中,极易对鱼体造成伤害,如鳞片脱落、皮肤受伤、鳃盖受损、鳍条开裂等,容易引起继发性感染,以烂鳃病、水霉病居多。养殖过程中,发现鱼苗在拉网捕捞时,鳃盖很容易被渔网所伤,造成鳃盖脱落,导致鳃裸露在外,影响正常生长,增加患病概率(图7-1)。

图7-1　鳃盖受损后的鳜鱼苗

▶ 第二节 鳜鱼疾病的预防措施

一 鳜鱼养殖场地的选址

选择池塘、稻田等水体进行鳜鱼养殖,要考虑养殖区域地势平整、水源充沛、进排水方便、环境安静、交通便利、远离化工等污染源,水源应该符合《GB/T 11607—1989 渔业水质标准》和《NY 5051—2001无公害食品淡水养殖用水水质》规定。

二 鳜鱼品种的选择

常见的鳜鱼有翘嘴鳜、斑鳜、大眼鳜等种类,加上选育的国审品种,极大地满足了养殖者的需求。目前,安徽省除使用本地长江鳜鱼苗种外,还会引进广东地区苗种。无论哪种来源,要确保苗种来源清楚、种质纯正、品质优良。特别是外来苗种,一定要做好病原净化,切断外来病原菌的传播途径。

三 养殖水体水质的调控

养殖过程中做好改底、消毒、解毒、补菌、肥水等水质调控工作,循环用水还应采取沉淀和过滤等处理方法,做到养殖水体水质清新,确保水深、溶氧、pH、氨氮、亚硝酸盐和重金属离子等指标保持在正常范围内。

四 饵料鱼(饲料)的投喂

鲮鱼、团头鲂、鲫鱼、青鱼、草鱼、鲢鱼、鳙鱼均可作为鳜鱼的饵料鱼。饵料鱼不能携带病原体,且无有毒、有害物质的富集。饵料鱼在投喂前,做好鱼体浸浴消毒。可使用高锰酸钾、食盐、硫酸铜、漂白粉、敌百虫面碱合剂等消毒产品进行消毒及鱼病预防。饵料鱼规格过大或过小

均不适宜,均会影响鳜鱼摄食和生长。每次投放前都要对饵料鱼进行抽样检查,保证饵料鱼适口。饲料驯化的鳜鱼,投喂的饲料要保证各种营养物质的平衡,做好科学投喂。

五 其他预防措施

1. 养殖场地消毒

投放鳜鱼苗种前,可采用生石灰或二氧化氯对养殖场地(池塘、稻田等)进行消毒。留20~30厘米的水深,每亩用50~80千克的生石灰泼洒,经过3~5天的充足阳光曝晒,再灌入新水。湿法消毒生石灰用量加倍。

2. 鱼体消毒

投放鳜鱼鱼苗时,可采用食盐、高锰酸钾等消毒产品进行浸浴,可使用浓度20毫克/升的高锰酸钾溶液浸浴鱼体10分钟。

3. 生产操作

拉网捕鱼、苗种运输等过程,注意规范操作,选择天气凉爽的时间,减少对鳜鱼的应激,减少鱼体受伤。

▶ 第三节　鳜鱼发病的诊断方法

要全面了解养殖环境、日常管理、病理诊断等方面的情况,认真梳理出鳜鱼发病的诊断方法,严防传染性疾病。

一 养殖环境

加注新水时,要密切关注水源是否安全,有无化工污水、农药径流汇入到水源地、进水沟渠中,避免污染水体流入鳜鱼养殖场地。对养殖场所进排水设备、增氧设备进行检修,确保设备正常运行。

二 日常管理

做好日常管理工作,观察水质变化情况、鳜鱼摄食情况、药物使用情况等。遇到暴雨、高温干旱等极端天气,要做出相应的管理措施,例如减少投喂、延长增氧、定期调水、增加水深等。

三 病理诊断

1. 环境调查

观察养殖区域环境、水质变化情况,饲料、渔药、动保产品、渔具等生产资料使用情况,重点查看投入品有无过期情况。必要时,要采集水体样品、饲料样品、渔药样品、动保产品样品进行检验。

2. 鱼体观察

观察鳜鱼养殖是否有异常行为,如打转、盘旋、急游、浮头等。观察患病鱼、刚刚死亡鳜鱼体表情况,观察体表有无寄生虫、藻类、真菌类等;观察鱼体有无出血、充血、溃烂,特别是口、眼睛、鳍、肛门等重点部位,并对伤情程度、数量、形状进行统计。

3. 解剖检查

解剖鳃部,检查鳃丝颜色和体积,有无肿大、腐烂情况;解剖鳜鱼内脏,检查胸腔、腹腔有无积水;检查肝脏、脾脏、胰脏等脏器的颜色和体积,有无充血、肿大、积水等情况;检查消化道的颜色,有无充血、肿大、积水等以及消化情况。

4. 显微镜检查

通过显微镜、解剖镜等仪器对鳜鱼各种细胞组织器官、分泌物、排泄物、附着物(寄生虫、真菌、藻类等)进行观察,对病原体进行定性及定量分析。

5. 病理切片诊断

进行病理切片检查,通过取材、脱水、包埋、切片、染色等工艺制成病

理切片,在显微镜下观察并出具病理诊断报告。

6. 病原微生物培养

人工方法使细菌生长繁殖。一般都是将细菌接种在培养基上,使细菌生长繁殖。可选用营养肉汤液体培养基培养鳜鱼单胞菌、杆菌、弧菌等细菌,鉴定细菌生理、生长特性和分解产物。通过颗粒计数法、间接计数法或感染效价法测定病毒数量,用人工方法培养细胞后再接种病毒,使病毒在活细胞内大量增殖。可选用鳜鱼脾组织传染性脾肾坏死病毒(ISKNV)敏感原代细胞培养 ISKNV 病毒。

7. 免疫学检验

当疾病具有相似的症状时,例如鳜鱼的细菌性败血症和病毒性出血病、鳃霉病和病毒性出血病的发病特征较为相似,只通过鱼体观察、解剖观察、显微镜检查等常规方法往往不能很精确地做出正确诊断,就必须借助免疫学检验进行更深一步的判断。还有一些疾病,例如病毒性疾病,借助免疫学检验可以更加快捷地做出诊断,且准确性非常高。

免疫学检验常用技术包括免疫荧光抗体技术、ELISA 技术、DNA 探针技术、单克隆抗体技术、多重 PCR 技术、荧光定量 PCR 技术等。

(1)免疫荧光抗体技术

利用荧光素对抗体或抗原进行标记,然后用荧光显微镜观察荧光以分析示踪相应的抗原或抗体的方法。可以快速地检测出少量抗原或抗体在细胞组织中的定位分布。传染性脾肾坏死病毒(ISKNV)的病毒检测可以用间接免疫荧光抗体技术确诊。

(2)ELISA 技术

即酶联免疫吸附测定,其基本原理是将一定浓度的抗原或者抗体通过物理吸附的方法固定于聚苯乙烯微孔板表面,加入待检标本,通过酶标物显色的深浅间接反映被检抗原或者抗体的存在与否或者量的多少。常见方法包括双抗体夹心法、竞争法、间接法测抗体、双抗原夹心法测抗体、捕获法测抗体等。可使用双抗体夹心法检测鳜鱼弹状病毒。

(3)DNA 探针技术

将一段已知序列的多聚核苷酸用同位素、生物素或荧光染料等标记后制成的探针。可与固定在硝酸纤维素膜的 DNA 或 RNA 进行互补结合，经放射自显影或其他检测手段就可以判定膜上是否有同源的核酸分子存在。以病原微生物 DNA 或 RNA 的特异性片段为模板，人工合成带有放射性或生物素标记的单链 DNA 片段，可用来快速检测病原体。可使用 DNA 探针技术检测鳜鱼蛙虹彩病毒、弹状病毒等。

（4）单克隆抗体技术

B 淋巴细胞在抗原的刺激下，能够分化、增殖形成具有针对这种抗原分泌特异性抗体的能力。B 淋巴细胞的这种能力和量是有限的，不可能持续分化增殖下去，因此产生免疫球蛋白的能力也是极其微小的。将这种 B 细胞与非分泌型的骨髓瘤细胞融合形成杂交瘤细胞，再进一步克隆化。这种克隆化的杂交瘤细胞是既具有瘤的无限生长的能力，又具有产生特异性抗体的 B 淋巴细胞的能力。将这种克隆化的杂交瘤细胞进行培养或注入小鼠体内即可获得大量的高效价、单一的特异性抗体。可利用饱和硫酸铵分步盐析法提纯鳜鱼抗嗜水气单胞菌血清免疫球蛋白（Ig），提纯的鳜鱼免疫球蛋白免疫 Balb/C 小鼠，无菌条件下取其脾脏细胞与 SP2/O 骨髓瘤细胞杂交融合，获得可以稳定分泌抗鳜鱼 Ig 的单克隆抗体（Mab）细胞株。

（5）多重 PCR 技术

在同一 PCR 反应体系里加上两对以上引物，同时扩增出多个核酸片段的 PCR 反应，其反应原理、试剂和操作过程与一般 PCR 相同。多重 PCR 可提高病原微生物检出率并同时鉴定其分型及突变。已建立了可同时检测传染性脾肾坏死病毒（ISKNV）、鳜鱼蛙病毒（SCRIV）和鳜弹状病毒（SCRV）的三重 PCR 检测方法。

（6）荧光定量 PCR 技术

一种在 DNA 扩增反应中，以荧光化学物质测每次聚合酶链式反应（PCR）循环后产物总量的方法。通过内参或者外参法对待测样品中的特定 DNA 序列进行定量分析。可检测鳜鱼各种常见病毒。

▶ 第四节　渔药选择与使用

一　渔药使用基本原则

（1）渔药的使用应以不危害人类健康和不破坏水域生态环境为基本原则。

（2）鳜鱼养殖过程中对病虫害的防治，要遵守"以防为主、防治结合"的原则。

（3）使用取得生产许可证、批准文号和生产执行标准的渔药。

（4）使用高效、速效、长效，毒性小、副作用小、用量小的渔药。

（5）渔药使用方法、禁用渔药应该符合《NY 5071—2002 无公害食品渔用药物使用准则》。

（6）食用鳜鱼上市前，要有相应的休药期，应该符合《NY 5070—2002水产品中渔药》。

二　常用渔药分类

1. 环境改良剂

以改良养殖水域环境为目的所使用的药物，包括底质改良剂、水体改良剂和生态条件改良剂。

2. 消毒剂

以杀灭水体中的微生物、原生动物为目的所使用的药物，包括氧化剂、双链季铵盐、有机碘等。

3. 抗微生物药

通过内服、浸浴、注射，杀灭或抑制体内微生物繁殖、生长的药物。包括抗病毒药、抗细菌药、抗真菌药等。

4. 抗寄生虫药

通过药浴或内服,杀死或驱除体外或体内寄生虫的药物以及杀灭水体中有害无脊椎动物的药物。包括抗原生虫药、抗蠕虫药和抗甲壳动物药等。

5. 生物制品

通过物理、化学手段或生物技术制成微生物及其相应产品的药剂,通常有特异性作用。包括疫苗、免疫血清等,广义的生物制品还包括微生态制剂。

6. 微生态制剂

从天然环境中提取分离出来的微生物,经培养扩增后形成的含有大量有益菌的制剂。包括活菌体、死菌体、菌体成分、代谢产物及具有活性的生长促进物质等部分。

7. 中草药制剂

具有抑制微生物活性、增强养殖动物抗菌能力,用于预防和治疗疾病。

8. 其他

还包括氧化剂、催产剂、麻醉剂、防霉剂等药物。

三 慎用药物与禁用药物

(1)慎用药物主要包括:有机磷制剂(如敌百虫、辛硫磷溶液等);代森铵溶液、代森锰锌制剂;高含量的氯溴制剂(如强氯精、漂白粉、二溴海因、溴氯海因等);高剂量的硫酸铜、甲醛溶液等。

(2)禁止使用的药品及其他化合物必须参照《食品动物中禁止使用的药品及其他化合物清单》(中华人民共和国农业农村部公告第250号)文件执行,例如孔雀石绿等。

（四）用药选择

1. 有效性

选择高效、速效和长效的药物进行鳜鱼病害的治疗，可使病鱼尽快恢复健康，减少养殖损失。

2. 安全性

渔用药物在杀灭或抑制病原体的有效浓度范围内对鳜鱼本身的毒性损害程度要小，即使有的药物疗效强但副作用大也尽量不要使用。渔药对水环境的污染破坏程度要小，甚至零污染。对人体健康的影响程度要小，特别是违禁药品的使用，千万不要抱有侥幸心理。

3. 方便性

尽量选择疗效好、安全、使用方便的药物。

（五）给药方法

1. 内服法

将药物与饵料鱼饲料混合进行投喂，鳜鱼通过摄食饵料鱼达到预防和治疗疾病的目的。饲料鳜鱼则可直接摄食混合药物的颗粒饲料。

2. 浴洗法

将鳜鱼集中在小水体中进行短时间的药物浴洗，杀灭体外病原体。常用于分塘、运输后鱼体消毒。

3. 泼洒法

全养殖区域水体进行药物泼洒，使水体达到一定浓度，杀灭鳜鱼体外及水体中的病原体。此法在外用药中杀灭病原体比较彻底，预防、治疗均有效。但此法用药量较大，副作用也较大。

4. 涂抹法

在鳜鱼体表患病处涂抹药物，可以杀灭病原体。此法使用时要防止药物流入鳃内，避免造成危害。

5. 注射法

采取肌内注射或腹腔注射的方法将药物注射到鳜鱼体内,鱼体吸收药物直接有效。疫苗也可采用此法(图7-2)。

图7-2　疫苗注射

6. 浸沤法

适用于中草药预防鱼病,将草药扎捆浸沤在上风口,可以杀死水体、鱼体的病原体。

▶ 第五节　常见病害防治

鳜鱼病害主要包括病毒性疾病、细菌性疾病、真菌性疾病、寄生虫性疾病等。其中,病毒性疾病以鳜鱼传染性脾肾坏死病最为典型;常见细菌性疾病有烂鳃病、败血病、溃疡病;真菌性疾病以水霉病最为典型;常见寄生虫性疾病有鳃隐鞭虫病与鱼波豆虫病、尾孢虫病、车轮虫病与斜管虫病、杯体虫与累枝虫等引起的固着类纤毛虫病、小瓜虫病、锚首吸虫病、范尼道佛吸虫病、强状粗体虫病、锚头鳋病、鲺病等。

一 鳜鱼传染性脾肾坏死病

传染性脾肾坏死病（Infectious Spleen And Kidney Necrosis，ISKN），俗称鳜暴发性传染病，是以脾、肾坏死为主要病理特征的严重危害鳜鱼的传染性、病毒性疾病。2008年《中华人民共和国农业部公告》第1125号将其列为二类动物疫病。

1. 病原体

传染性脾肾坏死病毒（ISKNV），属虹彩病毒科（*Iridoviridae*）、巨大细胞病毒属（*Megalocytivirus*）。

病毒有囊膜，二十面体，直径125～145纳米，病毒基因组为双链DNA。

2. 流行特点

SKN主要以水平传播为主，通过水体（经体表感染），或通过带病毒的饵料鱼（经口感染）。此外，可在亲鱼的精巢和卵巢中检测到ISKNV，提示可能存在垂直传播途径。发病急，病情发展快，流行高峰期鳜鱼在10天内死亡率高达90%。在水温25～34℃发生流行，最适流行温度为28～30℃，水温低于20℃不会发病。气候突变和气温升高、水环境恶化，是诱发该病大规模流行的重要因素。

3. 症状与病理

病鱼嘴张大，呼吸加快，食欲下降，鱼体发黑，并伴有抽筋样颤动；口、眼出血；脾脏呈紫黑色，肿大、糜烂和充血；肾脏肿大、充血和溃烂；肝脏呈土黄色，肿大，有淤血点；常见有腹水，肠内有黄色黏稠物，胆囊肿大；鳃贫血，发白，伴有寄生虫或细菌性感染导致的出血、腐烂。

ISKNV可感染脾、肾、肝、消化道、鳃等组织，细胞感染肿大，核固缩是重要病理特征。脾脏和肾脏肿大、坏死，出现空洞，并有大量白细胞浸润，肾小管和肾小囊的血管球萎缩。在脾脏和肾组织的细胞质内可观测到大量病毒颗粒。

4. 诊断

（1）观察诊断：根据临床症状及流行情况进行初步诊断。

（2）病理切片诊断：将病鱼脾、肾组织石蜡切片，H&E染色，显微镜观测细胞感染肿大3～4倍；将病鱼脾、肾组织超薄切片，透射电镜下观测到病毒颗粒。

（3）实验室诊断：ISKNV的PCR检测，提取病鱼脾或肾组织DNA，用真鲷虹彩病毒（RSIV）做引物，与RSIV基因序列相同可诊断为ISKNV。ISKNV的病毒分离及检测，用鳜鱼胚胎细胞系（MFF-1）分离培养病毒，用PCR技术检测或间接免疫荧光抗体技术确诊。

5. 防治

（1）加强对养殖场实施防疫条件审核、苗种生产管理制度。

（2）加强水源、鱼、设施等的严格消毒。

（3）加强疫病监测，掌握流行病学情况。

（4）ISKNV早期治疗有一定的效果。可使用10%聚维酮碘泼洒，再使用芽孢杆菌等微生态制剂调节水质。早期治疗要做到停止投喂、禁止换水等。

（5）已有鳜传染性脾肾坏死病灭活疫苗批准上市，苗种可通过疫苗接种来提高保护力。当鳜鱼规格达到8～10厘米时，在鳜鱼胸鳍基部注射疫苗，注射剂量为0.1毫升/尾。

二 烂鳃病

1. 病原体

柱状黄杆菌（*Flavobacterium columnare*），属纤维黏菌科、鱼害黏杆菌。菌体细长、柔韧可屈挠，大小为0.5微米×4～48微米，一般在病灶及固体培养基上的菌体较短，在液体中培养的菌体较长；没有鞭毛，但在湿润固体上可做滑行；或一端固着，另一端缓慢摇动；有团聚的特性。革兰阴性。菌落黄色，大小不一，扩散型，中央较厚，显色较深，向四周扩散成

颜色较浅的假根状。

2. 流行特点

携带柱状黄杆菌的鳜鱼是主要的传染源,其次是被污染的水及塘泥。在细菌性烂鳃病的流行季节,病鱼在水中不断地散布病原菌。细菌性烂鳃病在水温在15～30℃内水温越高越易暴发流行。水中病原菌浓度越大,鱼的密度越高,鱼的抵抗力越弱,水质越差,则越易暴发流行。一般流行于4—10月。常与寄生虫病(如车轮虫病、斜管虫病、锚首吸虫病等)或鳃霉并发。

3. 症状与病理

病鱼离群漫游,体色发黑,体形消瘦。病鱼鳃丝腐烂发白,鳃上黏液增多,鳃丝肿胀,部分鳃丝有小出血点。鳃丝上常黏附着污泥和大量分泌的黏液,鳃盖骨内表皮往往充血,中间部分的表皮常腐蚀成一个不规则圆形的透明小窗,俗称"开天窗"。有时兼有体表(鳞片)充血、发炎,间或伴有腹水等其他细菌性疾病症状。如遇阴雨低温天气极易感染鳃霉。病鱼死亡前一般漫游现象很少,体色也正常,濒临死亡的鱼一般易"贴边"。

4. 诊断

(1)观察诊断:用肉眼观察,如果发现其鳃丝肿胀,黏液增多并附有污泥,鳃丝末端腐烂缺损,软骨外露,即可初步诊断为细菌性烂鳃病。

(2)镜检:本病易与车轮虫病、斜管虫病混淆,因而需通过显微镜确诊。显微镜下可见初期鳃小片严重充血,随后鳃小片细胞肿大、变性、坏死,大量鳃小片坏死、脱落。严重时鳃小片几乎全部脱落,鳃丝末端也坏死、断裂,最后只剩下部分鳃丝软骨。

(3)实验室诊断:采用ELISA技术等方法对病鱼病原菌进行分离鉴定。

5. 防治

(1)加强养殖区域、鱼体等消毒工作,流行季节加强水体消毒,使用

生石灰、苯扎溴铵泼洒。

（2）鱼苗可接种柱状嗜纤维菌灭活菌苗提高抵抗力，在鳜鱼胸鳍基部注射，0.3～0.4毫升/尾。

（3）可泼洒五倍子，有效浓度达到3～4毫克/升。

（4）将大黄搅碎放入0.3%氨水浸泡10小时后泼洒，有效浓度达到3～4毫克/升。

三 败血症

1. 病原体

嗜水气单胞菌（*Aeromonas hydrophila*）、温和气单胞菌（*Aeromonas sobria*）、鲍氏不动杆菌（*Acinetobacter baumannii*）等。

2. 流行特点

除冬季外常年易发病，7—9月为发病高峰期，水温较高时为流行季节，一般水温超过26℃开始暴发流行。发病较急，开始发病至大量死亡仅需1周时间。氨氮、亚硝酸盐等水质指标偏高的水体发病率极高。

3. 症状与病理

病鱼口、鳃、眼、肛门和鳍条基部会出现出血点或出血斑。消化道内无食物且充满气体、管壁常有出血点，肝脏呈淡红色，极少数个体呈淡白色，胆囊肿大，腹腔有腹水，结缔组织或脂肪充血。也有病鱼无明显出血症状，但腹腔内有大量腹水，伴有恶臭，肝脏呈土黄色且易碎。

4. 诊断

（1）观察诊断：根据临床症状及流行情况进行初步诊断。如伴随鲮鱼、鲫鱼等其他鱼类死亡可进一步确定为败血症。

（2）实验室诊断：采用ELISA技术等方法对病鱼病原菌进行分离鉴定。

5. 防治

（1）加强养殖水体、鱼体、底泥、渔具等消毒工作，流行季节加强水体

消毒,使用生石灰、苯扎溴铵、二氧化氯泼洒。

(2)鱼苗可接种嗜水气单胞菌活菌苗提高抵抗力。

(3)可泼洒三氯异氰尿酸粉,有效浓度达到0.4~0.5毫克/升。

四 水霉病

1. 病原体

水霉属(*Saprolegnia*)或绵霉属(*Achlya*)中的一些种类,以游动孢子传播。

2. 流行特点

流行季节为早春、晚冬,一般水温在15~30℃时,多发生于持续低温阴雨天气,对冬春季鳜鱼暂养阶段危害最为严重,短时间内可导致大量死亡。鱼卵或鱼苗容易发病,对成鱼伤害较小。

3. 症状与病理

真菌寄生初期,肉眼不易察觉。但随着菌丝大量生长,俗称"长毛",在鱼卵或鱼苗表面可以肉眼观察到棉絮状附着物。鱼卵感染水霉后停止发育,菌丝大量生长,整个鱼卵呈白色绒球状,进而导致鱼卵死亡。鱼苗感染后,体表长有丝状物呈淡黄色。成鱼感染后,体表长有棉絮状物呈灰白色。加之温度低、寄生虫侵袭,导致病鱼伤口严重恶化,最后消瘦或者死亡。

4. 诊断

(1)观察诊断:根据临床症状及流行情况进行初步诊断。

(2)镜检:取病鱼病灶处组织制作封片进行鉴定,封片要与空气隔绝,防止其氧化、褪色。

5. 防治

(1)注意防寒防冻,保持良好水质,适时杀虫,做好消毒工作。

(2)孵化(环)缸进出口用60目网片过滤。

(3)可泼洒亚甲基蓝,有效浓度为1.5~2.0毫克/升,每天1次,连续

2~3天,每天换水1/2左右。

（4）可泼洒五倍子,有效浓度为0.3~0.5毫克/升。每天1次,连续2~3天,每天换水1/3左右。

（5）可泼洒水霉净,有效浓度为0.3~0.5毫克/升。每天1次,连续2~3天,每天换水1/3左右。

（6）可将鳜鱼放入2%~3%的食盐水浸洗5~10分钟,或用1%的食盐水加食醋数滴浸泡5分钟。

五 小瓜虫病（白点病）

1. 病原体

多子小瓜虫(*Ichthyophthirus multifiliis*)。

多子小瓜虫的成虫呈卵圆形,体被有分布均匀的纤毛,体内有一马蹄状的大核。幼虫呈椭圆形,全身被有纤毛,后端有1根长而粗的尾毛。幼虫钻入体表上皮细胞或鳃间组织,刺激周围的上皮细胞增生,形成小囊泡。

2. 流行特点

通过包囊及幼虫传播。对鱼苗危害最为严重,养殖区域面积较小或养殖密度过高时更易发生此病。一般小瓜虫适宜繁殖的水温在15~25℃。流行季节为早春、晚秋和冬季。当水温低于10℃或高于28℃时,小瓜虫停止发育,发病率较低。

3. 症状与病理

小瓜虫主要寄生在鳜鱼皮肤、鳍条、鳃等部位。当虫体寄生后刺激鳜鱼组织增生,形成一个个白色囊泡。病鱼浮于水面,活动迟缓。鳃因为被虫体寄生会分泌大量黏液,鳃小瓣遭到破坏,鳃上皮增生从而引起鳜鱼呼吸困难而死亡。此病对5厘米内的鱼种危害最为严重。

4. 诊断

（1）观察诊断:根据病鱼体表出现的白点可初步诊断。

(2)镜检:取病鱼体表或鳃等部位黏液进行鉴定,观察到大量马蹄形大核的椭圆形虫体即可确诊。

5.防治

目前,小瓜虫病治疗仍十分困难,主要以预防为主。

(1)可泼洒福尔马林溶液,有效浓度为15～25毫克/升,隔天泼洒,用药3～4次。

(2)可泼洒高锰酸钾,治疗浓度达到2毫克/升,使水体呈葡萄酒红色。水色变淡时继续加药维持水色,保持8小时以上,则可以达到治疗效果。也可用10毫克/升高锰酸钾浸洗鱼种20分钟。

(3)可用2%～3%食盐浸洗鱼种10～15分钟。

(4)将生姜和辣椒粉加水煮沸30分钟,连汁带渣进行泼洒,生姜有效浓度为1.5～2.2毫克/升,辣椒粉有效浓度为0.8～1.2毫克/升,每天1次,连用3～4天。

(5)病鱼可用福尔马林溶液浸泡1小时,治疗浓度不超过167毫克/升。治疗时要充分、加强充氧,治疗后立即更换水体,并继续充氧。

(6)使用杀灭小瓜虫等寄生虫专用药物。

（六）锚头鳋病

1.病原体

多态锚头鳋(*Lernaea Pdymorpha*)。

虫体细如针状,肉眼可见分节不明显,可分为头胸部、胸部与腹部。雄鳋始终保持剑水鳋的体形,营自由生活;而雌鳋在开始营永久性寄生生活时,体形拉长,体节愈合呈筒状并且扭转,头胸部长出头角;无节幼体营自由生活;桡足幼体营暂时性寄生生活。鳋寄生到鱼体后,根据其不同的发育阶段,可将虫体分为"童虫"、"壮虫"和"老虫"三种形态。"童虫"状如细毛,白色、透明、无卵囊;"壮虫"身体透明,肉眼可见肠蠕动,在生殖孔处有1对绿色的卵囊,触碰后虫体可竖起;"老虫"虫体浑浊不透明,变软,体表常着生多种原生动物如累枝虫、钟虫等,这样的虫体不久

即死亡脱落。

2. 流行特点

该病感染率高、感染强度大,流行时间长。一般适宜虫体繁殖的水温在12~33℃。对各龄鳜鱼均能产生危害。

3. 症状与病理

锚头鳋主要寄生在体表和口腔,寄生部位肉眼可见针状的虫体。虫体以头胸部插入鳜鱼肌肉或鳞片中,可引起慢性增生性炎症。病鱼发病初期呈现焦躁不安、活动异常,食欲缺乏,形体消瘦。寄生部位有明显发炎、红肿、红斑,直至组织坏死。

4. 诊断

(1)观察诊断:根据病鱼体表、口腔呈现的针状虫体可初步诊断。

(2)镜检:可通过显微镜确诊。

5. 防治

通常锚头鳋虫体出现脱落且出现红点后用药效果最好。为防止锚头鳋产生耐药性,应不同防治方法交替使用。

(1)投放鱼种前,使用生石灰带水消毒,可杀灭水中的锚头鳋。

(2)可用5毫克/千克的晶体敌百虫溶液浸洗鳜鱼5分钟,可以使鱼体上锚头鳋脱落,但必须注意:敌百虫在弱碱性条件下形成敌敌畏,造成人及鱼类的中毒。

(3)饵料鱼可用高锰酸钾溶液浸洗2小时,有效浓度达到15毫克/升,可彻底消灭鱼体上的锚头鳋。

(4)可泼洒4.5%氯氰菊酯,按1米水深每亩使用25~30毫升。

(5)可泼洒0.4%伊维菌素溶液,按1米水深每亩使用20~30毫升。

(6)可泼洒1%阿维菌素溶液,按1米水深每亩使用25~30毫升。

七 鱼鲺病

1. 病原体

日本鱼鲺(*Argulus japonicus*)，属鲺科(*Argulidae*)，甲壳类动物。

虫体背腹扁平，略呈椭圆形，可分为头部、胸部和腹部。虫体透明，呈淡灰色，侧叶上的树枝状色素明显。

2. 流行特点

一年四季都可流行，鱼鲺在水温16～30℃时可产卵。该病对鱼苗危害最为严重，当寄生3～5只时可引起鱼苗死亡。

3. 症状与病理

病鱼体表肉眼可见虫体，大小不一。日本鲺利用其尖锐的口刺刺伤鱼体皮肤，吸食鱼血液，并释放毒素刺激鱼体，形成多处伤口。病鱼焦躁不安，活动异常，食欲缺乏，鱼体逐渐消瘦，直至死亡。

4. 诊断

观察诊断：根据病鱼体表出现背腹扁平、椭圆形或圆形虫体可确诊。

5. 防治

(1)可用3%的食盐溶液浸洗鳜鱼15～20分钟，可以使鱼体上鱼鲺脱落。

(2)可用1%的高锰酸钾溶液浸洗鳜鱼5～10分钟，再泼洒二氧化氯溶液，有效浓度达到0.3毫克/升。

八 车轮虫病

1. 病原体

车轮虫属(*Trichodina*)或小车轮虫属(*Trichodinella*)中的种类。

虫体运动时犹如车轮旋转，虫体侧面观如毡帽状，反面观圆碟形。

2. 流行特点

流行的高峰季节为5—8月，流行水温为20～28℃。该病对鱼苗危害

最为严重。

3. 症状与病理

虫体寄生在体表和鳃上，病鱼体色发黑，常离群独游。虫体可在鱼体表面来回滑动，破坏皮肤和鳃组织，影响鱼的呼吸和正常活动。

4. 诊断

镜检：取病鱼鳃丝或体表黏液进行观察，发现典型虫体特征即可确诊。

5. 防治

（1）投放鱼苗前，可用0.5～1毫克/升的硫酸铜溶液浸洗鳜鱼15～30分钟。

（2）投放鱼苗前，可用10～20毫克/升的高锰酸钾溶液浸洗鳜鱼15～30分钟。

（3）将硫酸亚铁和硫酸铜配制成合剂进行泼洒，硫酸铜和硫酸亚铁有效浓度达到0.2毫克/升和0.5毫克/升。

（4）可泼洒苦参碱溶液，有效浓度达到0.4毫克/升。

（5）严重时，苦参碱溶液和阿维菌素溶液配合使用。

九　斜管虫病

1. 病原体

鲤斜管虫（*Chilodonella cyprini*）。

虫体有背腹之分，背部隆起而腹面平坦，前薄后厚。腹面近似卵形，左边较直，右边稍弯，后端有一个小凹陷，宛如心脏。腹面左边有9条，右边有7条长短不等的纤毛线。纤毛线上长有纤毛。腹面前端有一个漏斗状的口管。大核近圆形，小核呈球形，两个伸缩泡分别在一前一后。

2. 流行特点

主要发生在水温15℃左右的春秋两季。当水质恶劣时，冬夏也可发生。流行的高峰季节为3—5月。主要危害鱼苗和鱼种。

3. 症状与病理

斜管虫少量寄生时对鱼体危害不大,大量寄生时刺激鱼体表面和鳃分泌大量黏液,体表会形成苍白色或淡蓝色的黏液层,鳃组织受到严重破坏,病鱼呼吸困难。病鱼食欲减退,消瘦发黑。

4. 诊断

镜检:取病鱼鳃丝或体表黏液进行观察,发现斜管虫特征虫体可确诊。

5. 防治

(1)每亩用50～75千克生石灰杀灭底泥中病原体。

(2)投放鱼苗前,可用8毫克/升的硫酸铜溶液浸洗鳜鱼30分钟。

(3)可用高锰酸钾溶液浸洗鳜鱼15～30分钟,有效浓度达到20毫克/升。

(3)将硫酸铜和硫酸亚铁配制成合剂(5:2)进行泼洒,硫酸铜和硫酸亚铁有效浓度分别达到0.7毫克/升和0.28毫克/升。

(4)可泼洒福尔马林溶液,有效浓度达到0.02毫克/升。

(5)将硫酸铜和硫酸亚铁配制成合剂(5:2)再与强氯精混合进行泼洒,有效浓度分别达到0.7毫克/升、0.28毫克/升和0.3毫克/升。

(6)可泼洒阿维菌素溶液,隔天再泼洒二氧化氯(含量8%),有效浓度达到0.3毫克/升。

(7)可泼洒亚甲基蓝溶液,有效浓度达到3毫克/升。

(8)苦楝树枝叶煮水,1米水深每亩泼洒25～30千克,隔半个月泼洒1次。

第八章 ▶ 鳜鱼捕捞、暂养与运输

鳜鱼的捕捞、暂养与运输是鳜鱼健康养殖的关键环节,影响鳜鱼质量和养殖效益,因此选择合适的捕捞方式、运输方式并掌握暂养技术尤为重要。

▶ 第一节 鳜鱼捕捞

经过一段时间的饲养,绝大部分鳜鱼的体重可达到500克左右,此时即可对符合上市规格的鳜鱼进行捕捞,暂未达到起捕规格的鳜鱼需继续进行饲养。鳜鱼喜底栖生活,给捕捞工作带来较大的困难,因此,鳜鱼的人工捕捞需要合适的捕捞方法(图8-1)。

图8-1 鳜鱼捕捞

一 捕捞技术的关键

1. 捕捞时机的选择

应提前看好天气预报,选择凉爽的晴天进行捕捞,天气闷热、阴天等不适合进行拉网捕鱼。捕捞一般在黎明前后进行,这时水温低、溶解氧较高,适合捕捞,鳜鱼不会出现浮头现象。一般不选在傍晚进行拉网,否则容易加速水中溶解氧的消耗,造成鳜鱼出现浮头。另外,当鱼塘内出现鱼病等特殊情况时不适宜进行捕捞。

2. 限制捕捞前的投喂

在捕捞前投喂不当,容易造成鳜鱼因饱食而增大耗氧量,导致在拉网时会受惊跳跃、逃窜,从而造成死鱼等情况。因此,捕捞前一天应禁止投喂或减少投喂量,不能因盲目追求商品鱼上市的体重而大量投喂,否则会造成更大的损失。

3. 选择合适的捕捞方法

鳜鱼的捕捞方式较多,实际操作中应根据不同的养殖模式来选择适宜的起捕方法。池塘主养可采用拉网、抄网、竿钓和干塘捕捞等方法;湖泊、水库等大水面养殖可选择敷网、张网、箔具、地笼、迷魂阵、延绳钓等捕捞方法进行。

4. 减少鱼体的损伤

在捕捞时,应谨慎小心进行操作,做到动作熟练、细致轻快。避免因起网捕捞时,网内鳜鱼密度过大、在网时间太长,导致鱼体缺氧而死。

5. 加强捕捞后的管理

捕捞过程中,极易搅起池塘中的淤泥等,导致水体的溶氧降低,且剩余的鳜鱼活动加剧,耗氧量增大,极易引起剩余的鱼类缺氧。所以,捕捞后应尽快开动增氧设备,或加注新水,增加水中溶解氧含量。捕捞时一般会对池塘中剩余鱼类造成鱼体损伤,应根据情况对水体进行消毒,防止鱼体感染。

二 捕捞方法

1. 网具捕捞

(1)拉网捕捞

在池塘或其他水体内,用长带形的渔网包围一片水域,在岸上曳行并拔收两端曳纲和网具,慢慢对鳜鱼进行包围,对进入网内的鳜鱼进行捕捞。拉网长一般为水面宽的1.5倍左右,网高则一般为水深的1.2~1.5倍,网目大小4~6厘米,网线材料为锦纶(PA)、乙纶(PE)、维尼纶(PVA)。在进行捕捞前,先清除水体中的障碍物,在网的下纲处加挂沉子,使下纲贴底,防止鳜鱼从网下钻逃。网从池的一端下网后快速拉向另一端。一般一个池塘拉捕2~4网,可捕获池塘中50~80%的鳜鱼。在鳜鱼苗种生产季节,也可用夏花网或池塘小拉网捕捞鳜鱼苗种,网目大小0.5~1厘米。拉网动作要快速,避免惊动鱼类。捕捞上来未达到上市标准的鱼,应轻柔并迅速地放回水中。

(2)敷网冲水捕捞

常用的敷网为罾和抬网,网方形,材料通常选用PE或PA,网四角用弯曲的两根竹竿十字撑开,交叉处用绳子和竹竿固定。捕捞时将网放在池塘、湖泊、河流的入水口处的底部,面积视入水口大小而定,网目通常为4~6厘米。每隔半小时左右提网一次,此方法通常在晚间使用效果较好,连续捕捞几个晚上,池塘中鳜鱼起捕率能达到60%以上。

(3)笼式张网捕捞

笼张网方笼形,材料多用PE、PA,网目大小3~6厘米,网口顺水流方向放置,网口有漏斗状装置。在有闸门的养殖池塘,批量起捕鳜鱼,可用套张网,套张网方锥形,网口大小视闸门大小而定,长为网口宽度的3~5倍,网目从网口到网囊逐渐减少,网囊网目3厘米左右,捕鳜鱼苗则网囊网目1厘米左右;网身材料为PE,网囊则为PA或PE。套张网安装在闸门处,放水时捕捞随水而下的鳜鱼。

2. 渔具捕捞

(1) 网箱捕捞

在鱼类的洄游通道上，由PE网线编成网阻拦鳜鱼，并诱导鳜鱼进入网内，从而进行捕捞。

(2) 花篮捕捞

把花篮放在鳜鱼经常洄游的水道上或草多水清的浅水区进行捕捞，需在花篮上系挂小石头，防止花篮被冲走。花篮一般呈圆柱形，由竹条编制而成。篮长80~100厘米，篮的中部直径约为70厘米，由两个相对称的半篮身合并而成。倒须漏斗形，用竹篾编制。此种捕捞方式一般选择在晚上进行效果较好。

(3) 钓捕

即用鱼竿钓捕或延绳钓捕，鱼竿钓捕常用于游钓业，效率较低。

(4) 其他简易捕捞方法

干塘捕捞，多在清晨进行，先将池水排至剩余半米至1米，再用渔网进行捕捞两次，起捕的鳜鱼要进行暂养。

手抓鳜鱼，池塘水排至50厘米后，可人工下水手抓鳜鱼。鳜鱼一般在水边聚集，所以手抓鳜鱼应沿池边进行，注意戴好手套。

▶ 第二节　鳜鱼暂养

相比其他鱼类，鳜鱼长途运输较为困难，运输前通常需要暂养，从而提高运输成活率。常用的方法包括网箱暂养和水泥池暂养。

一　网箱暂养

暂养网箱一般选用可浮动的敞口框架网箱或封闭式担架浮足式网箱，一般在河道中上游进行暂养，便于管理。

网箱大小可根据实际情况进行选择。一般面积为25平方米左右，高度一般为2米。网目大小应以鱼类不能逃逸为标准。一般为2.5厘米左右。以25平方米的网箱为例,每次可暂养鳜鱼400千克左右。暂养时间多为3天,不能超过半个月。暂养期间需要对鳜鱼进行投喂,一般投喂以活鲢鱼、鳙鱼为主,每三天投喂一次,投喂量为鳜鱼总重的5%左右。在运输前,要停喂1~2天,使其排空肠道以减少对运输水质的污染。

二 水泥池暂养

暂养用的水泥池一般选择建在交通便利、便于管理、装运的河道附近,要求水质好。圆形水泥池较好,也可建成正方形、长方形,一般面积为50平方米左右,高度为1.2米左右较为适宜。为方便排污,池底应有2~3度的坡度,池底设排污口,地基中埋好聚乙烯管与排污口相连,伸向池外并加装阀门。暂养池内需加装增氧设备,密度为7千克/米³为宜。水泥池暂养期间也应坚持投喂,具体可参照网箱暂养。暂养期间需对水质进行严格管理,并定期排污换水。

▶ 第三节 鳜鱼运输

一 鳜鱼苗种运输

鳜鱼苗种较为娇嫩,对运输要求较高,所以在运输前要做好充分准备,并根据运输距离、运输数量选择合适的运输方式,运抵后也需做相应的技术处理。

1. 运输前的准备工作

（1）控制投喂

在运输前一天,应停止对鳜鱼鱼苗进行投喂。或运输前4小时左右拉网密集,让其吐食,从而减少运输中粪便对水质的污染,同时避免鱼苗因消化食物而过多地消耗水中的溶解氧,提高运输的成活率。

（2）拉网锻炼

为了增强幼鱼体质，较大规格的鳜鱼鱼种在运输前应进行一次拉网锻炼。拉网过程可增加鱼苗运动量，使其肌肉更为紧实。同时，密集过程可促使幼鱼分泌黏液、排出粪便，避免运输过程污染水质，同时可增加对缺氧的耐受力。另外，拉网还可以除去野杂鱼，消灭水生昆虫，准确估计鱼种数量。

（3）防止损伤

鳜鱼是栉鳞鱼，受伤后不易恢复，特别是背鳍和尾部受伤后死亡率极高，因此运输过程中的一系列操作（起鱼、过数、装袋、运输、消毒、下塘）应尽量做到动作轻快，最好带水操作，以减少鳜鱼鱼体表面损伤，提高运输的存活率。

（4）鱼种选择

运输前，应挑选体质健壮、充满活力的鳜鱼鱼种，这是提高运输成活率的前提条件。身体瘦弱、游动不活泼、鱼体鳍条上拖带污泥，或受伤有病的鱼种，尤其是有寄生虫发病塘口的鱼种，坚决不能运输，否则既增加运输成本也降低运输存活率。运输前必须对鱼种进行镜检，如果发现有寄生虫等疾病存在，应及时用药，待鱼种体质恢复后再拉网出售。

（5）用水选择

运输用水在运输过程中尤为重要。选择水质清新、有机质和浮游生物少、溶氧高，中性或微碱性、无毒无臭的水。如果运输水质不好，将大大降低运输成活率。

2. 苗种的运输方法

鳜鱼苗种较为娇贵，对运输条件要求较高。在运输时，应根据不同的运输距离、苗种数量和规格选择合适的运输方式、运输容器、运输工具。

（1）短途运输

①短途无水湿法运输

鱼的皮肤具有一定的呼吸作用，能在潮湿的空气中生存一定时间，所以可以选择无水湿法运输,即鱼种只需维持潮湿的环境,使鱼的皮肤和鳃部保持湿润,不需在水中运输。运输时用对鱼体淋水或用水草分层等方法维持一个潮湿的环境,避免水分的大量蒸发而造成的干燥,使鱼能借助皮肤的呼吸作用生存一段时间,从而达到短途运输的目的。此法应以低温、短途运输为宜,气温在20℃左右,运输时间控制在30分钟以内,成活率高达90%以上。本法多应用于鱼种转塘与分池。

②肩挑

对于交通不便的丘陵山区,在运输距离较近、运输量不大的情况下可选择肩挑。这种方法工具简便,成本低,但劳动强度大。一般用竹篓或木桶装鱼,鱼篓内部要光滑:放塑料内衬,防止擦伤鱼体,同时应有竹丝编成的盖,防止鱼被荡出。桶(鱼篓)中装水量在2/3左右,不能太满以免泼出。每担装水量在25～40千克,在18℃时可装运全长8厘米左右的鱼种150～300尾,或者装运全长12～15厘米的鱼种50～100尾。挑运要随着走路使桶(篓)中水略有颠动,以增加含氧量。担桶上路途中应及时换水,盖子最好能固定。有充氧条件的地区,可选用尼龙袋或塑料桶,充氧后用自行车运载或肩挑,可大大降低劳动强度,提高成活率。

(2)封闭式运输

①运输工具

用塑料(橡胶)袋充氧运输。用于装运鳜鱼鱼种的充氧塑料(橡胶)袋常为圆桶形、正立方体等形状,常用规格为长0.7～0.9米、宽0.4米,或加工为边长0.4米的立方体氧气袋。在上端完全开口或者上端一侧开直径为15厘米左右的小充氧口,便于装鱼和扎袋。用氧气袋运输时,应避免高温,防止阳光直射,夏季最好选择晚上或凌晨运输,使用保温车或空调车运输更好,以免影响成活率。

②装运密度

鳜鱼耗氧量大,装运密度应显著小于同规格其他鱼类。每只氧气袋装水8～10千克,不同规格的鱼装鱼密度视气温高低、运输时间长短而定。一般40厘米×70厘米规格的氧气袋,每袋装运5厘米左右的鳜鱼鱼

种100～200尾,运输时间4～8小时,装运时间越长,密度应相对减小。

③航空运输

空运一般以氧气袋装箱运输,每只氧气袋装鱼数量略低于常规运输量,空运时充氧量为陆运时的60～70%,不宜充氧过足以防爆袋。高温天气运输时,可将氧气袋放入带有冰块的泡沫塑料箱内,冰块用塑料袋盛装后扎牢袋口,每箱加冰1.5～2千克,用透明胶带封好箱口装运。空运时应注意:一是须根据航班、天气合理安排拉网、装鱼时间,气温骤变,不宜安排装运;二是鳜鱼种在装袋前,应置静水充气状态下于网箱中暂养3～4小时,使鱼种代谢物排出,尽可能确保运输过程氧气袋中水质良好;三是鱼种到达对方机场后,应马上检查袋内鱼种活动情况,如发现异常现象,应立即在机场重新开袋换水充氧再运,以提高空运鱼种成活率。

④封闭式运输评价

封闭式氧气袋鳜鱼种打包运输具有以下优点:打包氧气袋体积小、重量轻,携带、搬运方便;单位水体中运输鱼种的密度大;管理方便,劳动强度低;鱼种在运输途中相互干扰少,体表不易受伤,运输成活率高。

封闭式氧气袋鳜鱼种打包运输也有相应的缺点:大规模运输鱼种较困难;大规格鳜鱼种运输不方便,因为鳜鱼吻尖突、背鳍硬棘发达,常规家鱼用的氧气袋打包容易被刺穿,出现漏气、漏水;运输时间不能过长。

(3)开放式运输

开放式运输方法,是将鳜鱼种和水置于敞口式容器(如塑料水箱、铁皮箱、帆布袋、鱼桶)中进行运输,介绍如下。

①水箱充氧运输

水箱形状可根据不同运输需要,加工成不同形状,如长方体、圆桶形,敞口。材料可选用聚乙烯和白铁皮等。常见规格:长2米、宽1米、高1.2米(注水深度0.8～1.0米),大型水箱中间必须分成小隔,间隔宽度0.9～1.0米,一般不超过1米。这样可以降低由于运动所产生的水体波动程度,避免鳜鱼苗扎堆而缺氧或者相互擦伤。每一水箱底部设置一根氧气管,在氧气管上每隔15厘米用大号缝针刺一细孔,氧气管成"S"形排列固定,管与管之间距离为15~20厘米。每只水箱的氧气管与总管相连接,然后接上氧气表和氧气瓶,或将氧气管与氧气瓶控制阀相接。每辆车配备2~5瓶氧气,或根据鱼种装运数量和运输时间确定携带氧气瓶数量。准备工作就绪后,可以加水装鱼,同时每加一吨水放食盐1~2千克,可有效降低运输途中由于鳜鱼种排泄物造成的水质污染。鳜鱼种运输,短距离可用广口容器(如铁皮箱、帆布袋、鱼桶等)装水运输,中长距离应用活水车装运,并在单个水箱中设置分层网箱,降低鳜鱼埋底集群挤压时的密度,避免缺氧,减少相互刺伤。

②鱼篓充氧运输

用圆钢或角钢焊接成长、宽各2米,高1米的鱼篓架,内装维尼纶有机帆布制成的载鱼容器,固定架的主要部位用胶布、塑料或布条包扎,防止把鱼篓磨坏。在篓口边缘设多个圆孔,以便于将鱼篓固定在架内,并在篓底一侧留一处直径10~20厘米、长50~60厘米的放水孔。四角设置缝有50厘米网纲的网箱,固定在鱼篓内。一般用卡车运输,根据车厢大小和运输量,每车可装鱼篓4~5只。根据运输距离、运输工具和运鱼数量,准备10个大气压的氧气瓶1~3只。配备氧气气压表及5~8米长的氧气管和必要的开闭阀工具等。每个鱼篓装有一根充氧软管连接气瓶,用环状纳米增氧管增氧,水中充氧设备调试好后,再装入鳜鱼种。装鱼密度视水温、运输距离和鱼的规格灵活掌握。鱼种一般在冬春水温低时装运,密度可达每篓1万尾左右。鱼在鱼篓中下沉后,把水面漂浮的黏液、体弱鱼和污物捞出,以防污染水质。

③开放式运输评价

开放式活鱼运输的优点:简单易行;可随时检查鱼的活动情况,发现问题可随时采取换水和增氧等措施;运输成本低,运输量大;运输容器可反复使用或同车多种规格装运。

开放式活鱼运输的缺点包括:用水量大;操作较劳累,劳动强度大;鱼体容易受伤,一般装运密度比封闭式运输低。

④麻醉运输

将鳜鱼放在一定浓度的麻醉剂溶液中令其麻醉进行运输,使鳜鱼在运输过程中呈类似休眠状态,不能游泳和跳跃,呼吸频率减慢,代谢降低,耗氧减少,便于运输。通过这种方式可以大密度长途运输活鱼。选用药物的原则是对鱼药效高,对人无害;易缓解苏醒;价廉易购;使用方便,易溶于水;低温下有效。目前国内已使用在活鱼运输上的麻醉药物,主要有巴比妥钠、苯巴比妥钠、水合氯醛、乙醚、95%酒精、碳酸氢钠(小苏打)等。这里简单介绍在活鱼运输中的几种麻醉剂及其用法。

◇ 苯巴比妥钠或戊巴比妥钠

可按每千克体重0.1毫克肌内注射。鱼经麻醉后,仰浮于水面,呼吸缓慢。如途中发现鱼有跳跃冲撞,表示药量不足,应再予以注射适当药剂,达到麻醉为止。用此法运输,药效时间可达8～20小时。戊巴比妥钠药效反应迅速,但药效时间稍短。也可把活鱼放入10～15毫克/升的巴比妥钠溶液内运输,不久就呈昏迷状态,腹部向上,仅鳃盖缓慢开闭,呼吸减慢,不游动。在水温10℃时,能麻醉10多个小时,放入清水5～10分钟后就能苏醒。

◇ 水合氯醛

用浓度为2.1～3.1克/升的水合氯醛溶液浸浴3分钟,达到麻醉状态后进行运输。缺点是药效时间较短,可供短途调运。

◇ 乙醚或95%酒精

用药棉蘸乙醚(体重2～3千克鱼用0.5～0.8毫升)塞入鱼口内,2～3分钟后鱼就被麻醉,再将鱼放入清水桶里或包入水草、湿布内运输,一次可麻醉2～3小时。此法简单易行,效果亦好。

◇ 碳酸氢钠

碳酸氢钠,又名小苏打,较为常见,且价格低廉,使用浓度一般为150～600毫克/升,在水温22℃时,存活时间为6～13小时。此法安全可靠,无毒。运输前预先配制成6.75%的碳酸氢钠溶液(A液)和3.95%的硫酸溶液(B液)待用。如配制100毫克/升的药液2000毫升,可将A液和B

液各1000毫升混合均匀即成。如果提高浓度和增加水中溶解氧效果则更好。

◇ MS-222（烷基磺酸盐间位氨基苯甲酸乙酯）

将鱼种放入20～40毫克/升的MS-222溶液中,配制浓度视温度、运输密度可适当增减,鱼体30分钟后呼吸频率明显下降,对外界的刺激反应迟钝。在水温22～25℃时,可运输10小时以上。放入水中3～5分钟后鱼恢复正常。

大量试验证明,利用麻醉剂进行保活,在中、长途调运中效果显著。若能辅以其他运输方法,则更有实用价值。但目前麻醉运输的效果还不稳定,技术上有待完善。其主要原因如下:一是麻醉剂种类不同,对不同规格的鱼种麻醉程度不同,其麻醉效果受水温、水质、鱼体规格影响较大。因此,在运输前就必须事先做好试验,以确定某一麻醉剂对某一规格的鱼种在某一水温的最适剂量;二是许多麻醉剂对鱼的肝脏有损害作用;三是麻醉剂使鱼呈昏迷状态,鱼种运达后需要一个正常复苏阶段,故麻醉后维持时间不能过长,否则易造成鱼呼吸衰竭而影响鱼的复苏并导致死亡;四是麻醉剂价格较为昂贵。因此,麻醉运输还需进一步试验研究。

⑤降温运输

夏季气温相对较高,鳜鱼耗氧量大,代谢强度大,运输中容易引起缺氧、水质变坏,此时可选择降温运输。在运输前对鳜鱼进行降温处理,即加冰将鳜鱼的水温逐步降到16～20℃。温度不宜太低,每小时降温不超过5℃,然后将鳜鱼装箱,在运输途中继续用冰块保持低温,降低鳜鱼的代谢强度,减少氨氮、二氧化碳等的排放量,从而达到提高运输成活率的目的。当温差大于3℃时,鳜鱼会产生较强应激反应,不利于运输,所以运输前后应始终保持水温的稳定性,避免因温差产生的应激。如运输量大,用空调车效果更佳。

也可以采用冷链物流运输模式。操作方法:先将与泡沫箱规格配套的双层包装袋套入箱内,然后再往泡沫箱注入设定好温度的水,具体装

载量根据实际情况而定,箱内再放入足够的冰袋以维持运输过程中的水温,箱子要密封。装入到设有保温系统的冷链运输车,再配上供氧系统的氧气管,此种运输工具运输时间可达40个小时,成活率达99%以上。

⑥活水船运输

在水运方便、水质良好的地区,用活水船运输鳜鱼是最理想的方法。长短途均可,运输量大、成活率高、成本低。

活水船就是在船舱前部和左右两侧开孔,孔上装有绢纱;船在河中前进时,河水从前孔流入舱内,再从侧孔排出,使舱中水始终保持新鲜,氧气充足。由于其中水体不断地交换,装运鱼的密度较帆布箱要大得多。长约5米的舱,可装8厘米鱼种15万~20万尾。

鳜鱼刚下船需要摇动船头,要摇得快,并用捞子柄在船舱里划动,等鱼种全部恢复正常才可放慢速度。在途中,即使晚上也不停船。若时间较长要送气和击水增氧。注意调节进出水的大小,以防船头下沉或活水舱水流过急。通过污水区时,塞住进出水口,防止污水进入舱内,并快速通过污水地段。

3.提高响运输成活率的关键因素

运输过程中,造成鳜鱼死亡的原因主要是水中二氧化碳、氨氮过高,溶氧量降低,引起鱼类麻痹、中毒死亡。根据上述原因,生产中可采取以下相应措施。

(1)制订周密的运输计划

运输前必须制订好周密的运输计划,准备好各种必备工具,对运输线路的水源、水质等情况事先了解,夏季尤其要选择温度较低的晚上或者凌晨运输鳜鱼种苗。并提前关注天气情况,做好预防措施。根据路途远近和运输量大小,组织和安排具有一定管理技术的运输管理人员,做好起运和装卸的衔接工作,以及途中的管理工作,做到"人等鱼到",尽量缩短运输时间,快装、快运。

(2)选择合适的运输方式与时机

根据不同的距离、路况、季节等,选择合适的运输方式。根据交通条件和鱼种的生长阶段选择适宜的运输方法。一般距离近或丘陵山区,交通不便的用肩挑;路远用汽车、火车或飞机等运输;水路方便的可用活水船或大型客货船运输。鳜鱼运输中只要措施得力,即使寒冬或盛夏也可运输。运输时间选择:夏天白天温度高,最好安排在清晨或夜间运输,避开高温;冬季的运输时间应在白天进行,以利于提高运输成活率。

(3)选择健壮的苗种

选择体质健壮的鱼种,提前做好鱼体锻炼工作。鱼体拖带污泥,游泳不活泼,或多畸形的鱼种,以及身体瘦弱、有病受伤的鱼种均不能运输,否则成活率很低。1龄鱼种在运输前必须做好鱼体的拉网锻炼或暂养吐食,以减少排泄物和提高缺氧耐受力。

(4)选择优质运输用水

运输用水应水质清新、溶氧高、含有机质少和无毒无臭。同时,在运输重量允许的前提下,适当增加运输用水量,相对降低水体中二氧化碳的浓度。封闭式运输时,氧气袋内加水量不能低于袋总容积的2/5,尽量多加,但最高加水量不能超过袋总容量的1/2。

(5)控制适宜的运输密度

鳜鱼鱼种的运输,因运输时间、温度、鱼体大小和运输工具不一,其装运密度差异很大。通常气温低、运输时间短,运输密度可适当大一些;反之,运输密度则减小,因此,要保持合适的运输密度。鳜鱼鱼种运输密度见表8-1。

表8-1　鳜鱼鱼种运输密度与运输时间

鱼种规格(厘米)	温度(摄氏度)	密度(尾/米³)	时间(小时)
<3	25~30	5000~7000	4~10
3~5	25~30	4000~6000	4~10
5~8	20~25	2000~4000	4~10
8~10	10~15	3000~5000	4~8
10~15	10~15	1000~1500	4~8

（6）调节好合适的水温

鳜鱼运输的水温以10～20℃为宜。水温6℃以下，则鱼体受冻出血，滋生霉菌；25℃以上时，鱼体活动强，新陈代谢加快，鱼排泄物增多，易致腐败，恶化水质。水温过高要采取降温措施，如放冰袋等。但冬季夜间温度过低时也不宜运输，以防冻伤或冻死。

（7）做好运输途中的管理

用水箱、鱼篓运输鳜鱼鱼种，必须有专业人员在车上，并配备适量增氧剂备用。管理员应随时注意观察鱼的活动情况，及时调节充氧阀门，除去水面漂浮的粪便、残渣及死鱼。运输途中要经常检查，发现问题及时采取措施，同时做好换水、淋水和增氧等工作。

途中如发现鱼种浮头需换水时，水质一定要清新，水温相差5℃以上的水不能大量换入，换水量一般为1/3～1/2。在途中因换水、增氧不便鱼种出现异常时，可在水中加入一定的药物，以抑制水中的细菌活动，减轻污物的腐败分解。常用的有硫酸铜（浓度0.7毫克/升）、氯化钠（3%，质量分数）和青霉素（每篓10000国际单位）。为避免长时间停车或意外，可施用增氧剂应急，或通过拍打帆布篓增加溶氧，提高成活率。

（8）防止鱼体机械性损伤

运输中一定要防止鱼体的机械性损伤，由于鳜鱼是栉鳞鱼，受伤后不易恢复，特别是背鳍和尾部受伤后死亡率极高，因此在运输过程操作时应力求做到轻快，减少鳜鱼的损伤。

4. 运输后的管理工作

（1）温差调节

无论采用哪种运输方法，鱼种到达目的地后，应做好温度调节和降低鱼体血液内的二氧化碳浓度后才能放养。这对长途运输的鱼种尤为重要，否则将前功尽弃。封闭式运输时，先将氧气袋放入待放养的池内，当袋内水温与池塘水温一致后（约半小时）再将袋口打开，把鱼放入网箱内，并保持箱内水流通畅，待鱼体恢复正常后迅速下塘。当温差大于3℃时，鳜鱼会产生较强的应激反应。

（2）鱼种消毒

鳜鱼经过长途运输，鱼体可能多少有所损伤，在放养前应用1.5%～3%的食盐水浸洗5～10分钟消毒，防止鳜鱼继发感染。

二 鳜鱼亲鱼运输

运输亲鱼是人工繁殖工作中极其重要的一环，鳜鱼易缺氧，身体又有硬刺、尖棘，运输操作必须十分慎重，想方设法减少损伤，保证亲鱼到目的池中后能健康生活，性腺能正常发育。

1.运输要点

运输人工繁殖所用的亲鱼，应注意以下事项。

（1）水温适合

水温在15℃以上，不仅鱼类活动力强，而且排泄物的腐败作用也快；如水温过低在5℃以下，易使鱼类皮肤受冻出血，滋生水霉。因此，搬运亲鱼的水温，以5～10℃时最好。但在人工催产期间搬运亲鱼，一般水温都在18℃以上，此时更要小心操作，避免鱼体受伤。只要容器得当和采取必要的措施，在严冬和夏季也可以运鱼。

（2）氧气供应充足

在运输途中，特别要注意水中的溶氧量，必须经常保持在5毫克/升以上。如果没有足够的氧，即使没有到窒息的程度，也会影响鱼类的健康。

（3）容器适合

运鱼的容器，应较宽大，内壁光滑，并注意清洁，避免鱼体碰伤和水质污染。

（4）鱼腹要空

池养的亲鱼在起运之前，最好停喂一两天，使腹内积食排出。这样可使亲鱼的新陈代谢降低，不易死亡，同时也不会因鱼类的排泄物而影响水质。

（5）搬动要轻

搬运亲鱼宜用布夹子提起，轻轻移动，以免亲鱼滑脱受伤。

2. 运输方法

（1）桶运

将鱼盛在帆布桶、帆布篓或木桶内，用汽车或火车装运。一般短途运输在装水1000千克的桶中，可装尾重2千克左右的亲鱼40~50尾。白昼运鱼，水温升高较快，在气温过高时，如有可能，应在半夜或清晨起运。如水质剧变，在途中也需要换水。途中行车要稳，防止桶水剧烈晃荡使亲鱼受伤。

桶运时最好能用比鱼体长30厘米左右的尼龙袋或用塑料布（太薄容易破裂，以较厚些的为宜）缝合制成两头袋口能松紧的袋子，把鱼装入后，收紧袋口（袋口的大小以不使鱼滑出为准）。或者把鱼套在两头扎紧、剪有很多小孔的塑料袋内。这样，袋内袋外的水可以交流，每袋装一尾，放入盛有水的鱼桶里。此法鱼体不易受伤，适用于较长途的运输。

（2）塑料袋密封运输

一般用直径26~30厘米的塑料筒，扎成比鱼体长50~60厘米的袋，装水后再装鱼充氧，然后把口扎紧（注意扎紧后不能漏水、漏气）。水与鱼的体积比例应保持在3:1~2:1，鱼、水与氧的体积比例应保持在3:1~2:1，袋扎好后放入有柔软物衬垫的比袋稍大的箱内。可准备些塑料袋或大车内胎装氧气供运途中备用。此法多用于空运。

（3）担架运输

这种方法是按照亲鱼的大小用轻便的木料制成长方形的木框架，架上置有布兜（形状似布夹，内衬垫一层塑料布）。用2~3个布兜拼联在一起，放在木框架上，布兜内盛水装鱼。最好在木框架上盖一层网，以防亲鱼在加水时跳出。此法优点是容器轻巧，鱼体也不易受伤，但途中行车要稳，防水泼出，且要勤加新水。

（4）干运

这种方法是用木板做成长110厘米、高30厘米的木箱架，架上置有长60厘米、宽15厘米、高20厘米的布兜，兜上盖有裹箱布。先把布兜和裹箱布用水浸湿，把布兜装于木架上，然后把鱼捞出，迅速地放入布兜，把浸湿的软布盖在鱼的头部，然后盖好裹箱布，以防太阳直射，并便于淋水。途中要保持裹箱布湿润，淋水次数视气温高低而定。到达目的地后，将鱼连兜放入水中，经过 10～15 分钟的休息，用 3% 食盐水浸洗 3～5 分钟后放入鱼池。也可用比鱼体稍大的木箱或木条箱，底部垫上浸湿的软草，再用浸湿的纱布或毛巾将鱼裹好放入箱内，上面盖上湿毛巾之类，加盖后即可起运，途中要经常淋水。这两种方法虽然简便，但一般只适用于低温季节近距离运输。

（5）活水船运输

用活水船运输时，为了使鱼不致碰伤，在舱的四壁可衬上一些较软的东西，如旧棉絮、棉布、水草等；在两条鱼之间，也最好隔开，以免碰撞。最好用机动船，以缩短在途中的时间。用人力划船时，应尽量减少摆动，以免碰伤鱼体。

（6）麻醉运输

无论车运、船运、挑运，均可采用麻醉运鱼法。在容器水中放入适量的麻醉剂，如 0.01%～0.02% 的奎那啶（quinaldtine）或 0.1%～0.4% 的乌来坦（urethane）或 0.015% 的巴比妥钠（sodium barbital）等，都可使鱼降低呼吸频率和代谢率，而呈昏迷状态，不会因剧烈跳跃而造成损伤。到达目的地后，把鱼放入清水，即可恢复正常。在上述 3 种麻醉剂中，以巴比妥钠及乌来坦的效果较好。奎那啶的性质较烈，有时会使亲鱼鳃丝溢血。

短途运输时，也可用乙醚麻醉，方法是：先用棉球蘸一点乙醚（体重 10～15 千克的亲鱼约用 2.5 毫升），塞入鱼口内，经 2～3 分钟亲鱼被麻醉后，放入盛有水的容器中运输，可麻醉 2～3 小时。

鳜鱼营养价值高,历来被人们视为鱼中佳品。用其制作的名馔佳肴,如松鼠鳜鱼、清蒸鳜鱼、臭鳜鱼等,深受大众喜爱,有关鳜鱼的烹饪方法也是多种多样。随着现代社会生活节奏的加快和人民生活水平的提高,人们对鳜鱼的需求不再局限于鲜活消费,而是呈现方便化、营养化、安全化、个性化的新特点,那些"一拎就走""入锅即熟""开袋即食"的加工产品,逐步成为消费的亮点。

▶ 第一节　鳜鱼特性及价值

自古以来,鳜一直是我国特有的淡水名贵鱼类,因其肉质鲜嫩、腥味轻淡、无肌间刺等特点,深受国内外消费者青睐。

一 鳜鱼食药用价值

鳜鱼中含有丰富的蛋白质、维生素以及硒等,脂肪含量不高且大多为不饱和脂肪酸,抗氧化性强,营养丰富、易于消化,对儿童、老人及体弱、脾胃消化功能不佳的人来说,吃鳜鱼既能补虚,又不必担心消化困难。《本草纲目》中记载"补虚劳,益脾胃。尾治小儿软疖,胆治骨鲠在喉",《中药大辞典》中记载功效包括:"补气血,益脾胃。治虚劳羸瘦,肠风泻血""主腹内恶血,益气力,令人肥健,去腹内小虫"(《开宝本草》),"补劳,益脾胃"(《食疗本草》)等。综上,鳜鱼具有增强免疫力、排毒排淤、健脾补虚、杀虫消炎等功效。现代医学也表明鳜鱼有利于肺结核患

者的康复,帮助恢复元气,也可清除胃肠道不良细菌,排毒强体。因此鳜鱼可以说是高营养低热量,食药用价值高,老少皆宜,药食同源。

二 鳜鱼营养价值

1.鳜鱼基本营养组成

对相关研究报道进行总结及归纳,给出了市场常见鳜鱼(翘嘴鳜)的营养成分分析:肌肉水分含量约79.42%,蛋白质含量约17.92%,脂肪含量约1.23%,灰分约1.12%。与其他不同淡水鱼相比:翘嘴鳜肌肉含水量与鲤鱼(79.50%)基本相同,稍低于鳊鱼(80.50%),但高于鲫鱼(76.60%)、草鱼(77.80%)、罗非鱼(75.40%)以及鲢鱼(73.74%);其蛋白质含量与鲫鱼(19.80%)、罗非鱼(19.60%)、鲤鱼(18.90%)和鳊鱼(18.20%)差别不大,高于草鱼(15.94%)和鲢鱼(15.80%);脂肪含量(1.23%)与草鱼(1.20%)基本一致,稍低于鲤鱼(2.0%)和罗非鱼(2.6%),远低于鲢鱼(5.56%),说明我们日常食用的鳜鱼(翘嘴鳜)是一种高蛋白低脂肪的优质鱼类。

2.鳜鱼氨基酸

翘嘴鳜肌肉氨基酸含量见表9-1,由表可知:翘嘴鳜必需氨基酸在粗蛋白中的占比超过50%,大于非必需氨基酸占比。必需氨基酸中含量最高的三种为:谷氨酸、天冬氨酸和丙氨酸,这三种氨基酸都属于典型的鲜/甜味氨基酸,贡献了鳜鱼肉质的鲜甜味。

根据 FAO/WHO 所提出理想蛋白质中必需氨基酸含量的计分标准,氨基酸组成中必需氨基酸占总氨基酸的比值(EAA/TAA)为 0.4 左右,必需氨基酸与非必需氨基酸的比值(EAA/NEAA)> 0.6,翘嘴鳜的 EAA/TAA 约为 0.59,EAA/NEAA 约为 1.21,均远高于此标准。

营养学中,氨基酸评分(AAS)和化学评分(CS)是对食物蛋白进行营养评价的重要指标,必需氨基酸指数(EAAI)则能反映样品必需氨基酸含量与标准蛋白质(全鸡蛋蛋白)的接近程度。根据FAO/WHO 1973建议的氨基酸评分标准模式和全鸡蛋蛋白模式进行营养评价,蛋白质的氨基

酸评分(AAS)、化学评分(CS)和必需氨基酸指数(EAAI)按以下所列公式求得:

$$氨基酸评分(AAS)=\frac{样品蛋白质中某种氨基酸含量}{理想模式蛋白质同种氨基酸含量}\times100\%$$

$$化学评分(CS)=\frac{样品蛋白质中某种氨基酸含量}{鸡蛋蛋白中同种氨基酸含量}\times100\%$$

$$必需氨基酸指数(EAAI)=\sqrt[n]{\frac{苏氨酸a含量\times......\times赖氨酸a含量}{苏氨酸s含量\times......\times赖氨酸s含量}}\times100$$

由上述标准,翘嘴鳜肌肉的AAS除了缬氨酸的0.95之外,其他EAA的AAS值均高于FAO/WHO标准;从翘嘴鳜肌肉CS来看,蛋氨酸+胱氨酸为第一限制性氨基酸,其CS值为0.61,缬氨酸为第二限制性氨基酸,其CS值为0.71,苯丙氨酸+酪氨酸、异亮氨酸和苏氨酸CS值接近于鸡蛋蛋白,而亮氨酸和赖氨酸的CS值均大于1.0,高于鸡蛋蛋白;翘嘴鳜的EAAI约为85.8,最接近鸡蛋蛋白,而其他常见淡水鱼如鲫鱼、草鱼、鲤鱼、罗非鱼、乌鳢、鳊鱼的EAAI值在66～79。

表9-1　翘嘴鳜肌肉氨基酸含量(克/100克粗蛋白)

必需氨基酸 EAA	天冬氨酸 Asp	丙氨酸 Ala	精氨酸 Arg	甘氨酸Gly	谷氨酸 Glu	脯氨酸Pro	丝氨酸 Ser	组氨酸 His
平均值	9.46	7.63	6.00	4.64	13.60	2.99	4.27	2.33
非必需氨基酸 NEAA	缬氨酸 Val	异亮氨酸Ile	亮氨酸 Leu	苯丙氨酸+酪氨酸Phe+Typ	赖氨酸 Lys	蛋氨酸+胱氨酸Met+Cys	苏氨酸 Thr	色氨酸 Trp
平均值	4.69	4.30	8.73	7.16	7.75	3.77	4.58	1.12

3.鳜鱼脂肪酸

根据文献,在翘嘴鳜肌肉中共有25种脂肪酸被检测到(综合)。从脂肪酸的比例来看,翘嘴鳜肌肉中以单不饱和脂肪酸(MUFA)总量最高,达39.23%,饱和脂肪酸(SFA)总量与多不饱和脂肪酸(PUFA)总量基本持平,而二十碳五烯酸(EPA)与二十二碳六烯酸(DHA)的总量约7%,远高

于一些常见淡水鱼,分别是鲤鱼、青鱼、鲫鱼和草鱼的 4.99 倍、5.03 倍、6.07 倍和 13.04 倍。

4.鳜鱼矿物质

现有文献给出翘嘴鳜种微量元素含量(均为约数):铁 3.18、锌 4.5、铜 0.38、硒 0.15,单位是毫克/百克干样;缺乏锰含量的检测。另外,鳜鱼中维生素的检测也未见报道。

5.不同品种鳜鱼营养组成比较

对翘嘴鳜、大眼鳜和斑鳜三个品种鳜鱼进行了比较研究,得到结论如下:斑鳜的含肉率虽然略高于斑鳜和大眼鳜,但三者差别不大;翘嘴鳜水分含量最高,比大眼鳜和斑鳜高约 5 个百分点;大眼鳜和斑鳜蛋白质含量略高于翘嘴鳜(约 1 个百分点),脂肪含量则低于翘嘴鳜(0.5 ~ 1 个百分点)。说明与翘嘴鳜相比,大眼鳜和斑鳜肌肉具有更低的水分含量、更高含量的蛋白质和更低含量的脂肪,三种鳜鱼都属于优质蛋白质来源。

（三）鳜鱼加工特性

含肉率是衡量鱼类尤其是经济鱼类品质和加工特性的重要指标之一。相关研究报道测得鳜鱼含肉率为 65.7% ~ 69.32%,与尼罗罗非鱼、元江鲤和荷元鲤接近(68%左右),高于莫桑比克罗非鱼(64%左右)和荷包红鲤(54%左右),低于鲇鱼(79%左右)。测定含肉率应符合《GB/T 18654.9—2008 养殖鱼类种质检验》第九部分:含肉率测定规定。

▶ 第二节 特色鳜鱼加工

（一）安徽鳜鱼养殖及加工

根据《2021 中国渔业统计年鉴》,截至 2020 年底,我国淡水鱼类养殖总产量为 2586.38 万吨,其中鳜鱼 37.70 万吨。鳜鱼养殖产量排全国前三

的省份为广东省(14.33万吨)、湖北省(7.48万吨)和安徽省(4.38万吨)。安徽省淡水养殖面积为47.86万公顷,仅次于湖北省(52.59万公顷),在池塘和湖泊养殖方面实力均较强,以上说明安徽省鳜鱼养殖能力较强、养殖条件优秀,鳜鱼养殖产量仍有较大的发展潜力;截至2020年底,我国淡水加工产品总量为411.51万吨,其中安徽省为20.42万吨,落后于湖北(153.81万吨)、广东(39.70万吨)、江苏(64.50万吨)、江西(37.17万吨)和湖南(21.86万吨)等省份,无论是加工企业数量或者水产品出口贸易额,均不占优势,与养殖相比,安徽省水产品加工能力需要进一步提升。

二 安徽臭鳜鱼加工

1. 安徽省臭鳜鱼加工状况

早在2018年,安徽省臭鳜鱼产业总产值就已经突破了30亿元,在调研企业中,产值超过1亿元和超过5000万元的臭鳜鱼生产企业分别有10家和20家,年产值超过1亿元的企业有2家;至2021年12月30日,安徽省黄山市发布徽州臭鳜鱼产业发展大数据,(黄山市)徽州臭鳜鱼生产企业已有近50家,年产值约40亿元,年产值超亿元的达到6家,并涌现出一批知名品牌。与安徽整体水产品加工能力偏弱相比,臭鳜鱼加工成绩突出,以并不强势的加工能力产生了巨大的产值,说明臭鳜鱼的加工产生了较高的附加值;目前安徽省鳜鱼加工企业约90%的鳜鱼原料仍需从省外采购和调运,采购地主要集中在广东、江苏、湖北、江西等地,造成了成本提高,说明安徽鳜鱼养殖不足以提供臭鳜鱼的加工,加工势必促进养殖的全力发展。臭鳜鱼加工已形成一个特色优势产业,成为安徽省淡水产品加工的一个亮点。

2. 臭鳜鱼历史由来

徽州臭鳜鱼是八大菜系中徽菜的代表性菜肴之一,又名"腌鲜鳜",所谓"腌鲜",在徽州土话中就是"臭"的意思。此菜肴具有生臭熟香、闻臭吃香的特点,其香鲜透骨,鱼肉呈蒜瓣状,适口弹牙,别有风味。相传在200多年前,沿江一带的贵池、铜陵、大通等地鱼贩每年入冬时将长江名贵水产——鳜鱼用木桶装运至徽州山区出售(当时有"桶鱼"之称),途中为防止鲜鱼变质,采用一层鱼洒一层淡盐水的办法,经常上下翻动,如此待七八天后抵达屯溪等地时,鱼鳃仍是红色,鳞不脱,质未变,只是表皮散发出一种似臭非臭的特殊气味(发酵香),但是洗净后经热油稍煎,细火烹调后,非但无臭,反而鲜香无比,继而成为脍炙人口的佳肴延续下来,至今盛誉不衰。据历史记载,徽州臭鳜鱼所用的原料也很有讲究,是产于贵池秋浦河的"秋浦花鳜"(属翘嘴鳜),经过木桶腌制发酵之后再行烹饪即成。

3. 臭鳜鱼加工工艺

臭鳜鱼的制作,技术原理上沿袭了古时鱼贩的保鲜手法,通过加盐防止鱼体腐烂变质,加入香辛料增加香味,同时在鱼体内源酶及微生物的双重作用下,进行发酵,直到鱼体发出淡淡的臭香味同时肉质呈蒜瓣状,发酵就可视为完成。如果继续发酵,肉质会变松散,同时臭味加重,鱼体开始出现腐败。

主要流程:鳜鱼原料→宰杀修整→加辅料腌制→(加压)发酵→发酵完成→清理→包装→成品→冷冻保存。

臭鳜鱼的发酵有以下几点注意事项:原料采用鲜活或冷冻鳜鱼均可,腌制时为了口味更好,可根据商业或个人口味要求加入葱、姜、八角、花椒、辣椒等辅料增香;发酵是形成臭鳜鱼独特风味最重要的环节,与传统火腿、香肠及咸鱼等发酵产品一样,理论上在适宜的温度下发酵时间越长,香味越醇厚,臭鳜鱼的发酵温度一般选择在10～20℃,发酵时间控制在5～15天,发酵时间受温度、湿度影响;发酵方式为干腌或湿腌,家庭制作臭鳜鱼数量较少,一般采用干腌法,工业化规模化生产为了保持产品的均一品质,一般采用盐水湿腌法,盐度选择跨度也较大,大多在2%～8%,厌氧发酵居多(有氧发酵也可);为了达到臭鳜鱼成品蒜瓣状肉质效果,发酵过程中需要外加压力;发酵容器种类较多,一般采用木桶或陶缸,工业化生产可使用不锈钢设备。(图9-1)

图9-1　臭鳜鱼制作

三 方腊鱼

1. 方腊鱼由来

方腊鱼又名"黄山方腊鱼""大鱼退兵将",属于安徽省徽州地区传统名菜之一,是徽州百姓为纪念方腊智退宋兵创制而成的。北宋末年,因不满宋徽宗、蔡京等人的豪夺酷取,方腊以讨伐朱勔为号召,于宣和二年(公元1120年)率众在歙县七贤村起义,而宋王朝集中了数十万军队对方腊起义军进行反扑,起义军因寡不敌众,退上齐云山独耸峰固守,地势虽险要但不利久守。官兵攻山不上,于山下驻扎,重重围困,欲断绝粮草使之不攻自破。方腊见山上有一水池,池中鱼虾成群,便心生一计,命大军捕捞鱼虾投掷山下,迷惑敌人。宋军见此情景误以为山上粮草充足,围困无用,便撤军而去,因而此菜得名"大鱼退兵将"。

2. 方腊鱼做法

方腊鱼的做法重点在于"各肉各做、摆盘相聚",取一条鲜活鳜鱼,片下鱼身两片肌肉,切成厚约0.3厘米的鱼片,留下完整鱼头和鱼尾,另取青虾、蟹壳和猪肉备用;鱼头、鱼尾腌制后红烧,鱼片炸制呈金黄色,青虾

肉及猪瘦肉制泥后调味填入蟹壳后上屉蒸熟,青虾另制成凤尾虾,最后鱼、虾、蟹汇聚一堂,主料鳜鱼昂首张鳍翘尾,四周簇拥"虾兵蟹将",颇有乘风破浪之势。

(四) 鳜鱼产品标准

现行有效的鳜鱼相关标准一共有16个,其中包括:鳜鱼苗种或成鱼养殖操作规程(8个)、菜肴制作方法(6个)以及2个臭鳜鱼标准(徽州臭鳜鱼和冷冻臭鳜鱼)。其中有2项为团体标准,其余14项均为地方标准。

地方标准DB34/T 934—2009(徽菜 徽州臭鳜鱼)对徽菜臭鳜鱼的用料标准、烹饪方法、成品感官及一些理化指标进行了规定,其中微生物指标含菌落总数(≤3000 细菌群落总数/克)、大肠菌群(≤30 大肠菌群最可能数/百克)和致病菌(沙门菌、志贺菌和金黄色葡萄球菌不得检出);而2020年发布的团体标准T/CAPPMA 01—2020(冷冻臭鳜鱼)规定了冷冻臭鳜鱼产品的标准、试验方法、包装、运输及贮存等,其中涉及的理化指标包括氯化物(≤2%)、挥发性盐基氮(TVB–N,≤30毫克/百克)和过氧化值(以脂肪计,克/百克,≤2.5)。

第三节 鱼制品检测及质量安全

一 营养检测

1. 营养检测项目

营养素包括蛋白质、脂类、碳水化合物、维生素、矿物质和水共6大类。鳜鱼营养成分的检测指标主要含:水分、灰分、蛋白质、脂肪等基本成分,(水解)氨基酸、(水解)脂肪酸等细分成分,钠、钾、钙、镁、铁、锌、铜、硒等无机盐(矿物质)。目前尚缺乏鳜鱼肌肉中维生素检测的研究。鳜鱼的营养成分测定应符合《GB/T 18654.10—2008 养殖鱼类种质检验》

第十部分:肌肉营养成分的测定规定。

2. 营养检测方法

随机抽取不少于10尾达到商品鱼规格的同龄个体作为样品鱼,小个体样品鱼应适当增加样本数量。取样方式为:半边鱼肉作为试样,沿脊椎骨将半边鱼肉取下,去除鳞片、鱼皮及鱼刺(含肌间刺)即为待测试样,体重在500克以上的大样品鱼,取肉后分前、中、后三段,每段取等量鱼肉混合供样,样品总量不低于100克。对于10克以下的小样品鱼,应去除头、尾、鳍和内脏后为试样。检测指标、测定方法与结果计算为:水分含量按《GB/T 5009.3—2016 食品安全国家标准 食品中水分的测定》规定测定,蛋白质含量按《GB/T 5009.5—2016 食品安全国家标准 食品中蛋白质的测定》规定测定,脂肪含量按《GB/T 5009.6—2016 食品安全国家标准 食品中脂肪的测定》规定测定,灰分含量按《GB/T 5009.4—2016 食品安全国家标准 食品中灰分的测定》规定测定,脂肪酸含量按《GB 5009.168—2016 食品安全国家标准 食品中脂肪酸的测定》规定测定。

营养检测有时候不仅需要总含量,科研活动中大多时候需要细分物质的含量,例如蛋白水解氨基酸(对应蛋白质),其测定方法可参照《GB/T 5009.124-2016 食品安全国家标准 食品中氨基酸的测定》,其基本原理是使用强酸盐酸把试样中蛋白质水解为氨基酸,蒸干后溶解于缓冲溶液测定,主要目的是研究某样品中每种氨基酸的含量及分布。

二 风味检测

不同于营养检测,风味检测并没有规定具体的检测指标和方法。只有确定检测某一类风味指标的时候,可以参照相应的标准。如果没有相应的国家标准或地方标准参照,可参考类似物质的文献检测方法。风味主要包含:滋味和气味。

1. 滋味检测

滋味检测主要包含游离氨基酸、肽类物质、核苷酸及其关联化合物、有机碱类、有机酸及无机盐、糖及其衍生物等。不同于蛋白水解氨基酸,游离氨基酸是指直接游离于肌肉蛋白质之外的氨基酸,贡献于食品的滋味而非营养,除了常见的18种氨基酸外,还可以包含γ-氨基丁酸、牛磺酸、鸟氨酸、羟脯氨酸等非常见氨基酸。

核苷酸及其关联物是重要的鱼肉呈鲜味物质,对滋味有贡献的核苷酸及其衍生物据报道已发现30多种,且鸟嘌呤核苷酸(GMP)、肌苷酸(IMP)、腺嘌呤核苷酸(AMP)等核苷酸可以与游离氨基酸产生协同作用,放大增味效果。三磷酸腺苷(ATP)在活鱼的肌肉中占有优势,但鱼(或其他动物)被宰杀之后,肌肉肌糖原发生无氧呼吸(产生乳酸),细胞内的大分子三磷酸腺苷(ATP)也开始分解,产生二磷酸腺苷(ADP)、一磷酸腺苷(AMP)、肌苷酸(IMP)等呈味物质,而继续分解则会产生 HxR、Hx 等不良风味物质。宰后鱼或其他动物肉中无氧呼吸代谢主要过程可表达为:ATP→ADP→AMP→IMP→HxR→Hx。

鱼肉中的有机碱包含尿素、氧化三甲胺、甜菜碱类、胍类,氧化三甲胺具有甜味,甜菜碱类主要存在于海产无脊椎动物中,含量随环境盐度的增减变化,可能与渗透压的调节有关;胍类物质同鱼贝类的能量释放和贮存有关。有机酸、无机盐和糖及衍生物可以归为非含氮类化合物,与前面几类滋味物质相比,研究较少,出现较多的包括:乙酸、乳酸、琥珀酸、钾钠离子、糖磷脂、肌醇和糖醇等。

2. 气味检测

嗅觉所感知到的风味即为气味,不同品种的鱼、不同生长环境的鱼、不同加工方式的鱼、不同新鲜度的鱼,均会产生不同的气味,可以说每一种不同的食物或物质都有其独有的气味。目前挥发性成分的主要测定方法为GC-MS或GC-MS/MS,使用最广泛的样品前处理法为:顶空法(分为静态顶空 HS 和动态顶空萃取法 DHE)、固相微萃取法(SPME)和同时蒸馏提取法(SDE)。挥发性成分按照分子结构通常可以分为醛类、酮类、醇类、烯烃及烷烃类、酸类、酯类和其他(杂环化合物等),醛类化合物通常认为是亚麻酸、亚油酸和花生四烯酸等不饱和脂肪酸在脂肪氧合酶的作用下,形成的氢过氧化物裂解而成,C6~C9 醛类一般具有水果、蔬菜

类似的清新味道;酮类化合物同样是不饱和脂肪酸氧化降解的产物,具有花香、果香、甜香、奶酪香、木香等较为浓郁的芳香;醇类亦主要由脂质氧化分解产生,主要提供轻柔甜香、清香或木质香;酯类是由无机酸或有机酸与醇进行酯化反应缩去水而成,一般是中性无色液体,脂肪族烃与饱和醇生成的酯具有果实香味,碳数较低的酯类通常是具有香味的液体,例如新鲜鱼气味柔和浅淡,它们的气味是由各种羰基化合物(醛、酮等)及醇类共同提供的,而在一份样品中检测到的挥发性成分常常多达几十甚至上百种,需根据实际目的进行检测及分析方法的选择。

三 质量安全

1. 养殖环境

养殖环境的健康是保证鱼类产品健康的基础,包括水体质量、饲料、用药等环节的控制,如果环境水质不好、饲料添加剂或原料不佳、用药不加控制,很可能会造成鱼肉风味不良、鱼病严重、药残超标等问题,因此规范化的养殖方式与鲜活鱼类产品的品质密切相关,是保证产品优良的前提条件。

2. 贮藏安全

鱼体内的物质(氧化三甲胺、不饱和脂肪酸、腥味前体物质、类胡萝卜素等)在微生物、内源性酶(脂肪氧合酶等)条件下发生的反应或自氧化反应,其反应产物(三甲胺 TMA、二甲胺、脂肪氧化产物等)会造成鱼体腥味变重,影响品质;鱼类新鲜度下降也会造成挥发性含氮化合物、挥发性酸、挥发性羰基化合物及胺类物质的生成,致病菌等微生物快速增殖,造成鱼体气味劣化及品质下降。大宗商品的上市一般并不能够在短时间内售卖完毕,在贮藏过程中控制有害物质和不良风味的发展,最大限度保持鱼类贮藏后的新鲜度,是加工存在的重要意义之一。

3. 加工安全

不当或不规范的加工方式会造成食物中有害物的产生和积累,例如：富含蛋白质的食品如蛋清、肉类、大豆等，在经碱加工处理或挤压蒸煮时极易产生赖丙氨酸，与此同时往往伴随着食品中必需氨基酸含量下降及外消旋化，使食品不易消化、营养价值降低，甚至可能危害肾细胞健康，赖丙氨酸已成为婴儿配方食品的一个质量检测标准；某些常见的加工方式如熏制、烤制（明火）等加工方式会造成苯并芘、多环芳烃、杂环胺等有害物质的更多产生和积累，需要对加工方式、加工温度和时间进行控制以减少或消除危害。例如传统咸鱼会引起亚硝酸盐类物质的积累，臭鳜鱼属于"轻度腐败"型产品，其都要经过较长时间的加工过程。发酵或干燥的"度"如何界定才能既保证口味又能最大限度降低有害物质的含量，是加工食品需要考虑的一个重要问题。

▶ 第四节　鳜鱼烹饪方法

鳜鱼属于淡水鱼中的高端食材，通常市场价超过100元/千克，其鳞小且软，烹饪中不需去除，无肌间刺，肉质细嫩有弹性，老少皆宜，非常适宜作为高端菜肴的原料。

一　松鼠鳜鱼（苏帮菜）

1. 原料

鳜鱼（大于1000克），水发冬菇25克，春笋50克，豌豆75克，罐头樱桃10粒，鲜虾仁100克，鸡蛋1个，花生油适量，料酒25克，盐2克，糖175克，味精少许，白胡椒粉少许，玫瑰醋100克，番茄酱50克，干淀粉75克，水淀粉100克，葱、姜、蒜等适量。

2. 做法

将鳜鱼宰杀择洗干净，分离鱼头、腮部和鱼身，顺脊椎骨剖开鱼身去掉大部分脊椎骨，留尾部一小段鱼骨使两片鱼肉相连，改刀在鱼肉上交叉片出花纹，不要切透鱼皮，使鱼肉成菱形小段，将片好的鱼肉用少量

盐、料酒腌制片刻,沾水淀粉再拍上干淀粉,手提鱼尾摆动,使鱼肉分散并去掉多余的淀粉,鱼头及鳃部同样处理。春笋、冬菇及樱桃切成豌豆大小的丁,煸炒出香味调味(加入番茄酱、盐、糖、味精、料酒等)勾芡并放醋待用,鲜虾仁控干水分放水淀粉滑油待用。花生油烧至六成热,手拿鱼尾抖开花刀入油锅炸熟捞出,入鱼头鱼鳃部炸熟取出,再将油温升高至八成热复炸一次,再取少量油烧至八成热,放入勾好的豌豆丁糖醋汁,放入虾仁烧汁,然后一同浇在刚炸过的鱼上。

摆盘后因鱼尾上翘,花刀鱼肉根根乍起,形似松鼠,故得此名。

二 松子鳜鱼(粤菜)

与松鼠鳜鱼做法类似,比较容易混淆,菜名即区别。

1. 原料

鳜鱼1条(600克左右),五柳菜50克,青红椒末10克,蒜蓉10克,茄酱150克,白醋50克,糖25克,盐5克,生粉100克,花生油2000克,蚝油50克,鸡蛋黄2个,松子仁50克。

2. 做法

将鳜鱼宰杀择洗干净,沥干水,改十字花刀泡去血水,加盐、蛋黄拌匀,拍上生粉,锅中起油烧至180℃,放入鱼肉,炸至呈金黄色至熟透,捞起再放入松子仁炸脆捞起待用,随即将蒜蓉、青红椒末、五柳菜、茄酱、白醋、糖熬制成糖醋汁,湿生粉勾芡,淋在鱼身上,撒上炸好的松子仁即可。

其做法与松鼠鳜鱼有多处相似,其工艺重点在于改花刀、油炸和淋汁。以上两种菜品对刀工要求较高,用油量大(油炸),形色俱佳,适于宴请贵客。

下面介绍几种适于家庭日常使用的做法。

三 清蒸鳜鱼

1. 原料

鳜鱼1条（500克左右），姜丝5克，葱丝5克，红椒丝5克，豆腐100克，花生油50克，海鲜酱油50克，胡椒粉2克，精盐2克。

2. 做法

择洗干净的鳜鱼鱼身内外用盐均匀抹擦一遍，豆腐切成3块，放入碟中，将鱼放在豆腐上，鱼身放上姜丝，水烧开后上蒸笼旺火蒸制8分钟至熟，倒出鱼体渗出的汁水，放上葱丝和红椒丝，撒上胡椒粉，锅中放油烧至沸腾，热油淋在鱼身上再加海鲜酱油即可。

做法简单，适合家庭日常制作。

四 古法蒸鳜鱼

做法与清蒸鳜鱼类似，不同之处在于：上屉蒸制时在鱼身两侧斜刀切6刀，把切好的火腿片、冬笋片和冬菇片，三片一组，夹于鱼身刀口处，之后再放姜片等佐料上屉。冬笋及冬菇均含有丰富的游离氨基酸，滋味极鲜美，与鳜鱼的香味产生协同增味的作用。

五 家常熬鳜鱼

1. 原料

鳜鱼1条（750克左右），猪肥膘50克，葱、姜、鲜汤、盐、味精、米醋、白胡椒粉、料酒、香菜、香油等。

2. 做法

将择洗干净的鳜鱼在沸水锅中氽一下，时间不要太长（防止鱼皮破损），鱼身两侧剞花刀。锅内放入底油，下入猪肥膘肉片、姜、葱略炒，加入鲜汤、料酒和鱼，用大火熬制10~15分钟至汤水呈奶白色时，放入盐、味精、米醋、白胡椒粉，将鱼捞出放入汤碗，拣出葱姜及肥膘，汤汁倒入碗

内,撒上葱姜丝、香菜末和香油即成。

简单易做,肉嫩汤鲜,较为适宜寒冷天气进补。

六 糟溜鳜鱼丸

鱼类的消费量少其中一个很重要的原因就是制作工艺复杂,下面介绍一个既适用于鳜鱼也适用于其他鱼肉的家常鱼丸做法。

1. 原料

鳜鱼1条(650克),猪肥膘50克,青豌豆20克,枸杞5克,香菇粒10克,熟冬笋粒20克,黄酒糟汁60克,白糖20克,盐3克,胡椒粉1克,水淀粉、味精、葱油、葱段、姜末、葱末等适量。

2. 做法

鳜鱼择洗干净后斩下头尾备用,去掉鱼皮取净肉,猪肥膘切片后与净鱼肉一同放入料理机,加入葱末和姜末,撒少许味精和盐,加入约20%的黄酒和清水进行搅打,至泥状取出备用。锅中注入凉水或温水放入葱姜,将鱼泥挤成鱼丸入锅,中火烧开,水开之后捞出鱼丸。将捞出的鱼丸放入热水盆中备用,鱼头及鱼尾烫熟后摆盘备用,锅中留余鱼丸的汤适量,倒入黄酒糟汁煮开,之后撒适量白糖搅匀,再加入盐、胡椒粉等调味,调好味后倒入豌豆、枸杞、香菇粒等配料,水淀粉勾薄芡,最后倒入鱼丸炒匀,芡汁糊化后淋入葱油出锅,与鱼头鱼尾共同摆盘即可上桌。

这道菜其重点在于火候的掌握。

参 考 文 献

［1］ SHEN Y，LI H，ZHAO J，et al. The digestive system of mandarin fish (*Siniperca chuatsi*) can adapt to domestication by feeding with artificial diet［J］. Aquaculture，2021，538：736546.

［2］ ZHANG Y，LIANG X F，HE S，et al. Dietary supplementation of exogenous probiotics affects growth performance and gut health by regulating gut microbiota in Chinese Perch (*Siniperca chuatsi*)［J］. Aquaculture，2022，547：737405.

［3］ 褚武英，张建社. 鳜鱼肌肉组织重要功能基因研究［M］. 北京：科学出版社，2017.

［4］ 冯亚明，杨智景，顾海龙. 鳜鱼高效生态养殖技术［M］. 北京：中国农业科学技术出版社，2018.

［5］ 戈贤平. 无公害鳜鱼标准化生产［M］. 北京：中国农业出版社，2006.

［6］ 古勇明，卢薛，胥鹏，等. 养殖密度、水质和分级对水泥池鳜鱼苗种培育的影响［J］. 广东农业科学，2015，42(16)：84-88.

［7］ 顾树信，戴玉红，张银红. 鳜鱼苗种运输技术［J］. 科学养鱼，2005(5)：2.

［8］ 国家特色淡水鱼产业技术体系. 中国鳜鱼产业发展报告［J］. 中国水产，2021(4)：23-32.

［9］ 何志刚，李绍明，王冬武. 鳜鱼生态养殖［M］. 长沙：湖南科学技术出版社，2013.

［10］ 黄丽萍. 鳜鱼的人工繁殖技术［J］. 中国水产，2011(2)：40-41.

［11］ 魏君冉. 工厂化养殖中亚硝酸盐暴露及恢复对鳜鱼生长、代谢和免疫的影响［D］. 华中农业大学，2021.

［12］ 金根东，高虹. 不同饵料鱼对鳜鱼生长效果的影响［J］. 江西水产科技，2022(4)：21-23.

［13］ 梁旭方，何珊. 鳜鱼遗传育种与饲料养殖［M］. 北京：科学出版社，2018.

[14] 农业农村部渔业渔政管理局,全国水产技术推广总站,中国水产学会.
2021中国渔业统计年鉴[M].北京:中国农业出版社,2021.

[15] 逢士新.鳜鱼苗种繁育技术要点[J].黑龙江水产,2017(4):20-22.

[16] 史国经.鳜鱼鱼种的暂养及其运输技术[J].农民致富之友,2017(16):1.

[17] 史正良,张汝才.巧烹淡水鱼[M].沈阳:辽宁科学技术出版社,2003.

[18] 汪建国.淡水养殖鱼类疾病及其防治技术——鳜鱼疾病[J].渔业致富指
南,2016(6):57-61.

[19] 肖倩倩,梁旭方,庄武元,等.学习记忆通路抑制剂T-5224和KN-62对翘
嘴鳜c-fos及味觉受体t1r1表达的影响[J].水生生物学报,2022,46(6):
880-887.

[20] 严安生,熊传喜,钱健旺,等.鳜鱼含肉率及鱼肉营养价值的研究[J].华中
农业大学学报,1995(1):80-84.

[21] 姚国成,梁旭方.鳜鱼高效生态养殖新技术[M].北京:海洋出版社,2015.

[22] 占家智,羊茜.鳜鱼标准化生态养殖技术[M].北京:化学工业出版社,
2015.

[23] 张伟.鳜鱼人工繁殖及幼苗培育技术[J].科学养鱼,2019(7):8-9.